城市污泥干化焚烧工程实践

王凯军　李天增　常风民　刘秋琳　著

THE IMPLEMENTATION
OF MUNICIPAL SLUDGE DRYING
AND INCINERATION
ENGINEERING

化学工业出版社
·北京·

前言

截至2020年年底，我国建成城镇污水处理厂5765座，处理量达2.315亿立方米/天，处理规模位居世界第一。然而，作为环境保护事业的重要组成部分，污水和污泥处理的现状距离实现可持续发展理念要求仍有很大差距。目前我国大多污水处理厂仍采用耗能的方式同时处理污水和稳定污泥，造成污水厂能耗居高不下。另一方面，污水中含有大量有机质，具有能源潜力，因污泥采用不合理的处理方式，白白浪费。行业主管部门和城市政府在污泥处理上“重管制、轻引导”，缺乏有效的最终处置渠道，导致相当多的污水厂内的污泥大量累积，处于崩溃的边缘，成为严重的环境隐患。

2021年9月，我受邀参加全国政协双周座谈会，并以《以城市污泥处理处置为抓手，加速实现污水处理行业双碳目标》为题发言。其中，提到当时全国污泥处理处置的状况，我用了一个词：上天无路、入地无门。“上天”是指焚烧的一条主要的技术路线。干化焚烧可以有效实现污泥的减量化和彻底无害化，却像垃圾焚烧技术一样被“妖魔化”，使得环保主管部门“畏之如虎”。同时，由于我国大部分地区控制雾霾压力较大，“一刀切”地禁煤禁焚烧，使得污泥“上天无路”。即使上了焚烧项目，也要求采用天然气，大大增加了处理成本。

近年来，我国不乏反对污泥干化焚烧的声音，很多人对污泥焚烧技术路线及技术本身存在误读，归纳起来主要有以下几点：第一，错误观点没有进行充分的比较就武断地认为干化焚烧是一种高能耗工艺；第二，主观认为干化焚烧是一种高碳排放工艺，不了解污泥是碳中性的这一基本概念；第三，认为污泥干化焚烧与垃圾一样，会产生二噁英问题，事实上，污泥的成分决定其与垃圾不一样，不可能产生大量的二噁英。所以，有益的学术之争固然是好，但是我国在污泥技术路线的学术争论却导致政府无所适从。如果不同学术观点的争论影响了政府工作部署和政策决策，说明学术定位和政府职能出现了严重的错配。所以，这种争论是无益的，甚至是有害的，只是拖延了污泥处理处置的步伐，导致目前国内大部分的污泥没有得到很好的处置。

所以，国家“十四五”规划纲要中明确提出“推广污泥集中焚烧无害化处理”。《“十四五”城镇污水处理及资源化利用发展规划》提出对于污泥处理处置，要求“城市和县城污泥无害化、资源化利用水平进一步提升，城市污泥无害化处置率达到90%以上”。

自2009年以来，我国生态环境保护部、住房和城乡建设部以及科技部等颁布了《污泥处理处置及污染防治技术政策》、《城镇污水处理厂污泥处理处置污染防治最佳可行技术指南》以及《城镇污水处理厂污泥处理处置技术规范》等多项与污泥处理处置相关的政策、规范及标准。这些文件明确了污泥干化焚烧技术在我国的定位及应用条件。

在国际上，无论是欧洲、美国、日本，污泥干化焚烧都是主流性工艺或主导工艺之一。我国由于技术界的误导，导致公众对污泥干化焚烧有很大误解。最近，欧洲由于要从焚烧灰中回收磷，把协同焚烧基本取缔了，走单一焚烧的技术路线（本书的第六章报道了德国这一案例）。相信几年后等我们想回收磷的时候，一定也会回到国际技术路线上来，走单独焚烧的技术路线。因为要回收磷，焚烧可能是最经济的方式。

最后，我想说污泥处理处置的障碍不仅仅来源于技术、政策，更多是业界同人自身存在的障碍，所谓“破山中贼易，破心中贼难”。污泥处理处置问题在我国一直没有得到解决，在某种程度上是业界专家自己造成的苦果。堆肥专家除了说堆肥的好处，还要说焚烧会造成二噁英排放，厌氧的专家除了说沼气的好处，还要吐槽堆肥的缺点。大家不是想着把蛋糕做大，而仅仅局限于自己的一片小天地，导致了目前污泥处理处置的窘境。

过度的专业执念、技术之争等争论无益于事业的发展。邓小平同志的“不争论，是为了争取时间干。一争论就复杂了，把时间都争掉了，什么也干不成”，可能是目前最好的指导方法。

本画册由清华大学王凯军教授主导策划，并由李天增、常风民、刘秋琳共同撰写，在同方环境股份有限公司、北京京城环保股份有限公司、浙江环兴机械有限公司等多家单位的支持下共同完成。其中，第一章“先进的污泥干化焚烧技术”集合了目前国内做得比较好的五个污泥干化焚烧技术案例，孟加拉达舍尔甘地污泥焚烧厂由清控环境（北京）有限公司总裁陈兆林提供素材支持；绿色化设计的安吉喷雾式污泥焚烧厂由浙江环兴机械有限公司董事长俞其林等提供素材支持；成都市第一城市污水污泥处理厂污泥干化焚烧项目由同方环境股份有限公司总经理汤乐萍、郭涵提供素材支持；上海竹园污泥干化焚烧项目由北京京城环保股份有限公司董事长赵传军、陶冶等提供素材支持；桐乡市污泥及工业固体废弃物资源综合利用项目由清控环境（北京）有限公司副总裁韩志伟提供素材支持。

第二章“跨界创新的污泥喷雾干化焚烧技术”由浙江环兴机械有限公司提供素材支持；第三章“多种形式的后混式污泥干化焚烧技术”由北京京城环保股份有限公司董事长赵传军、武志飞、陶冶等提供素材支持；第四章“鼓泡床污泥焚烧技术”由同方环境股份有限公司副总经理邵小珍、郭涵、肖海涛、李思晗、冯科等提供素材支持；第五章“面向未来的污泥热解技术”由清华大学王凯军课题组和青岛蓝博环境科技有限公司董事长谭蕾等提供素材；第六章“他山之石：国外先进的污泥焚烧技术”选取了上海浦东污泥干化焚烧项目、EEW黑尔姆施塔特污泥单焚烧工厂、香港 T · PARK 污泥焚烧厂3个项目，分别由苏伊士中国污泥业务总监岳宝、北京控股集团有限公司（后简称“北控集团”）副总经理姜新浩、于文飞、肖佳豪及威立雅公司等提供素材支持。

衷心希望本画册在碳中和背景下，可以有效推动污泥干化焚烧技术发展，破解国人对污泥干化焚烧工艺技术的误解，助力污泥处理处置技术创新，协同推进国家“降碳、减污、扩绿、增长”和绿色低碳发展。

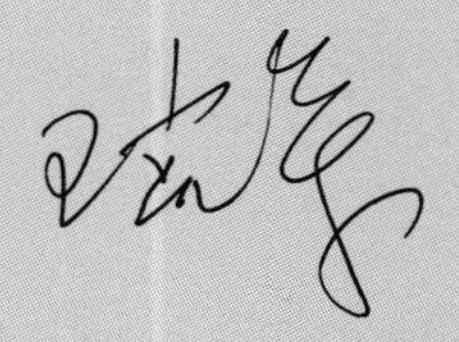

目录
CONTENTS

第一章
先进的污泥干化焚烧技术

引言 003
孟加拉达舍尔甘地污泥焚烧厂 005
绿色化设计的安吉喷雾式污泥焚烧厂 019
成都市第一城市污水污泥处理厂污泥干化焚烧项目 032
上海竹园污泥干化焚烧项目 047
桐乡市污泥及工业固体废弃物资源综合利用项目 061

第二章
跨界创新的污泥喷雾干化焚烧技术

引言 077
萧山钱江污泥喷雾干化焚烧厂 081
蚌埠污泥喷雾干化焚烧厂 091
绍兴污泥喷雾干化焚烧处理厂 101

第三章
多种形式的后混式污泥干化焚烧技术

引言 111
上海石洞口污水处理厂污泥处理完善（新建）工程及二期项目 112
上海青浦区污泥干化焚烧项目 122
舟山污泥干化焚烧项目 128
开封市污泥和餐厨废弃物综合利用项目污泥干化焚烧段 135

第四章
鼓泡床污泥焚烧技术

引言 143
南京市污泥处置中心污泥干化焚烧项目 145
盐城市市区污泥集中处置污泥干化焚烧项目 157
焦作隆丰皮草企业有限公司固体废物资源利用项目 165

第五章
面向未来的污泥热解技术

引言 175
热解炭化资源处理技术研究 176
青岛即墨区污泥处置中心项目 188

第六章
他山之石：国外先进的污泥焚烧技术

引言 201
香港 T · PARK 污泥焚烧厂 202
上海浦东污泥干化焚烧项目 216
黑尔姆施塔特污泥单独焚烧工厂示范案例 231

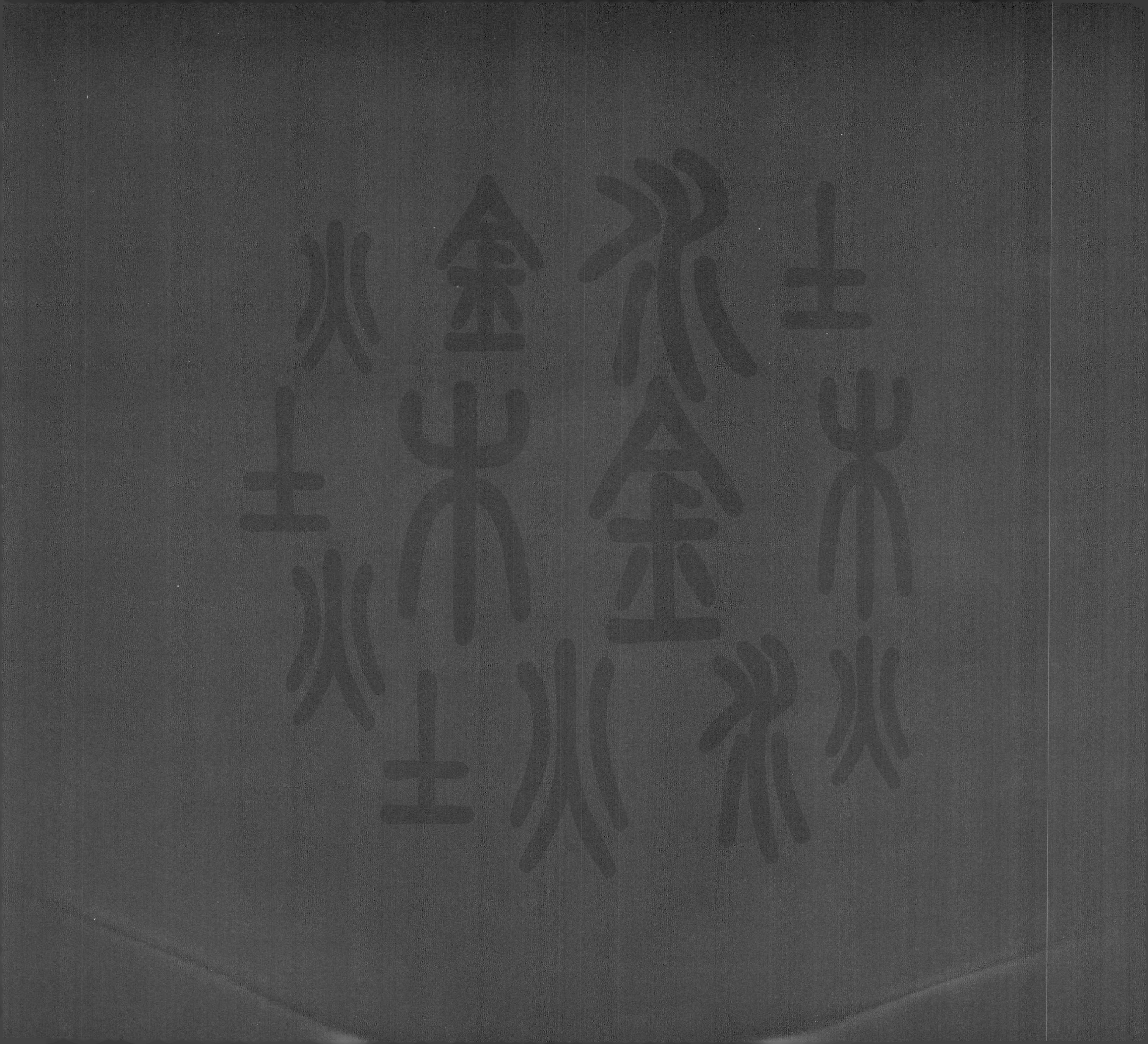

第一章
先进的污泥干化焚烧技术
Advanced Sludge Drying and Incineration Technology

引言

新技术的诞生，通常起步于科研院所大学的理论机理研究，最后走向应用。然而在固废领域，以大量装备为特征的固废处置项目研发投入巨大，通常只能以技术型公司为主导，并逐步实现技术的落地、示范、成熟。以京城环保、同方环境、浙江环兴为代表的专业公司在中国污泥处置领域做出了有重大意义的工作。其中京城环保、同方环境引进、消化吸收并推出适合中国特点的污泥干化焚烧技术路线；浙江环兴在清华大学的助力下，发挥自身装备优势，将喷雾干化技术跨界应用，开发出具有自主知识产权的污泥喷雾干化回转窑焚烧技术路线。经过多年实践，他们建立了十多项污泥干化焚烧示范工程，成为污泥处置领域的佼佼者和引领者。作为污泥干化焚烧技术领域的后来者，清控环境潜心研究开启了低碳模式，在污泥干化焚烧1.0和2.0技术的基础上，迭代出“物理脱水＋余热干化＋焚烧”的低碳模式3.0，探索出能量自给的途径。第一章精选了五个有代表性意义的污泥干化焚烧先进案例，包括“一带一路”“金山银山”“治蜀先行”“浦江先河”和“低碳节能”项目，以大量生动、直观的图片为读者展示了技术路线及特点，体现出中国污泥处置技术的先进性。

李天增
清控环境（北京）有限公司
总工程师

助力“一带一路”
孟加拉达舍尔甘地污泥焚烧厂

国内污泥处理干化焚烧处置市场一直被美日欧大公司技术垄断，浙江环兴机械有限公司与清华大学携手经过十年探索与实践，创造性地将喷雾干化技术引入污泥处理领域，即污泥喷雾干化焚烧技术。经过多年的努力，成功实施并运行了十余个大型污泥喷雾干化焚烧工程，日总处理量超过5000t。2017年，伴随国家“一带一路”倡议，污泥喷雾干化焚烧技术被成功应用在了孟加拉达卡污水处理项目，日处理污水50万吨，这也是迄今为止我国在南亚承接的最大国际 EPC 污水处理厂项目，标志着中国环保重大装备在海外新兴市场的重大突破。

陈兆林
清控环境（北京）有限公司　总裁

孟加拉污泥干化焚烧项目夜景

项目特点

处置规模为2x300t/d

100%技术国产化

100%装备国产化

100%实施与运维

第一个最大的南亚污泥焚烧厂

第一个步出国门的喷雾干化焚烧厂

第一个助力“一带一路”倡议的污泥环保装备

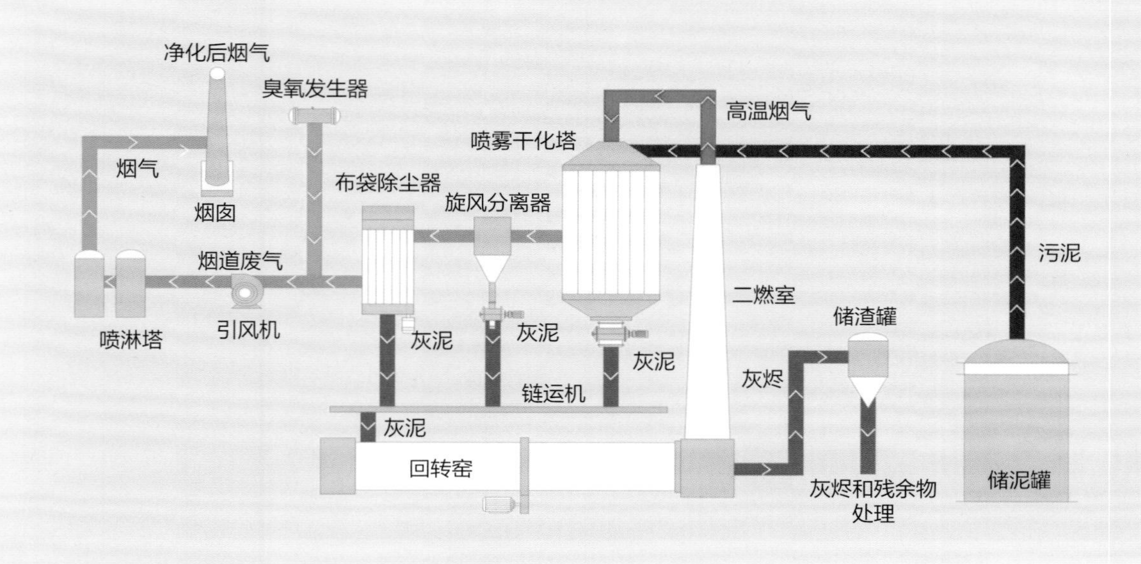

^ 喷雾干化焚烧流程图

^ 污水处理厂全景

^ 模块化施工现场

污泥输送系统

含水率80%的污泥经螺杆泵输送进入2座污泥储存罐；再经高压柱塞泵将污泥通过管道输送进入高位储泥罐，随后多台螺杆泵将污泥泵送进入喷雾干化塔。

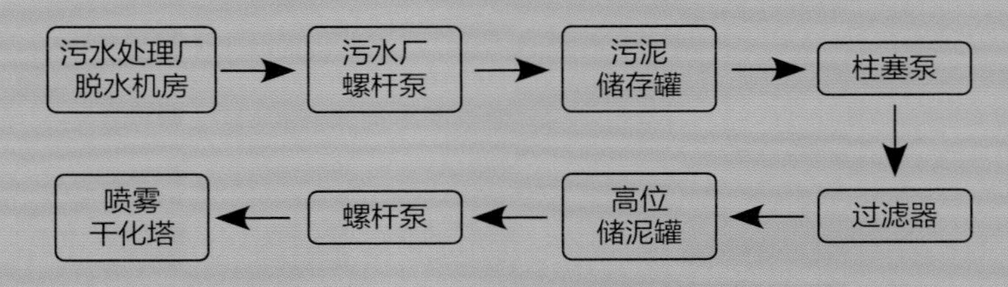

∧ 污泥输送系统流程图

① 污泥储存罐
② 螺杆泵
③ 柱塞泵

喷雾干化系统

含水率80%左右的污泥喷成微粒雾滴，与高温烟气直接换热，污泥中的水分在1s内完成汽化蒸发，污泥得到干燥。

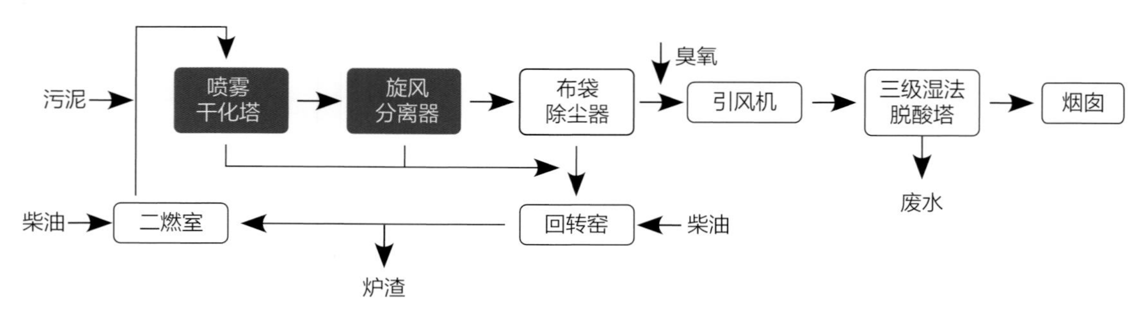

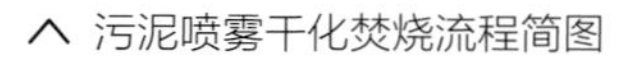
污泥喷雾干化焚烧流程简图

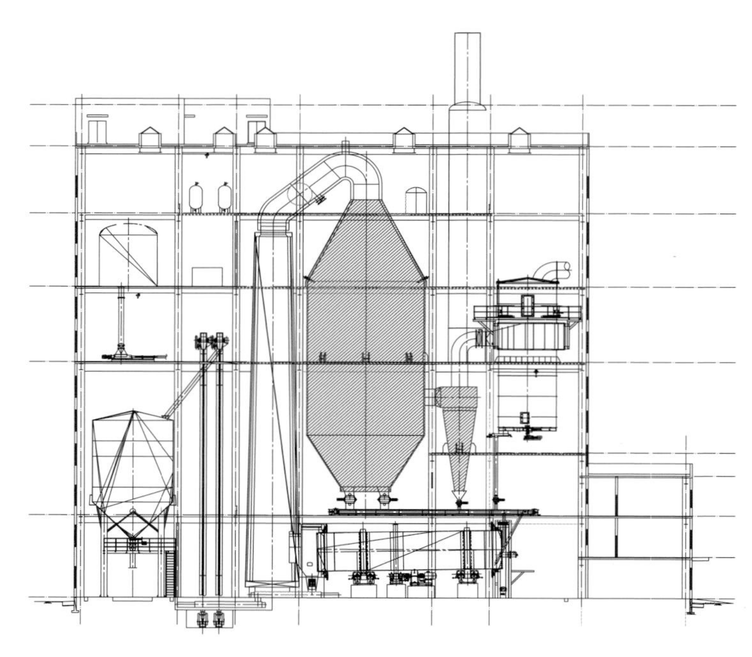

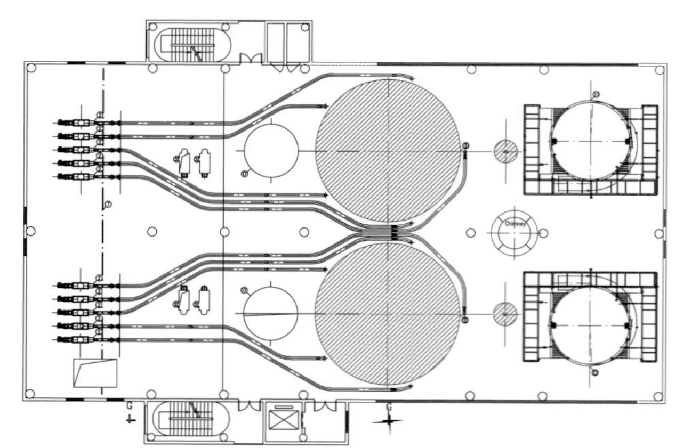

污泥喷雾干化塔布置图

① 喷雾干化塔接旋风分离器　② 喷雾干化后的污泥　③ 喷雾干化塔与链运机

回转窑焚烧系统

干化后污泥进入回转窑内，通过窑体转动和扬料板的作用而翻动、抛落，动态地完成污泥干燥、点燃、燃尽的焚烧过程。回转窑的高温烟气进入二燃室进一步焚烧，保证850℃停留时间≥2s。

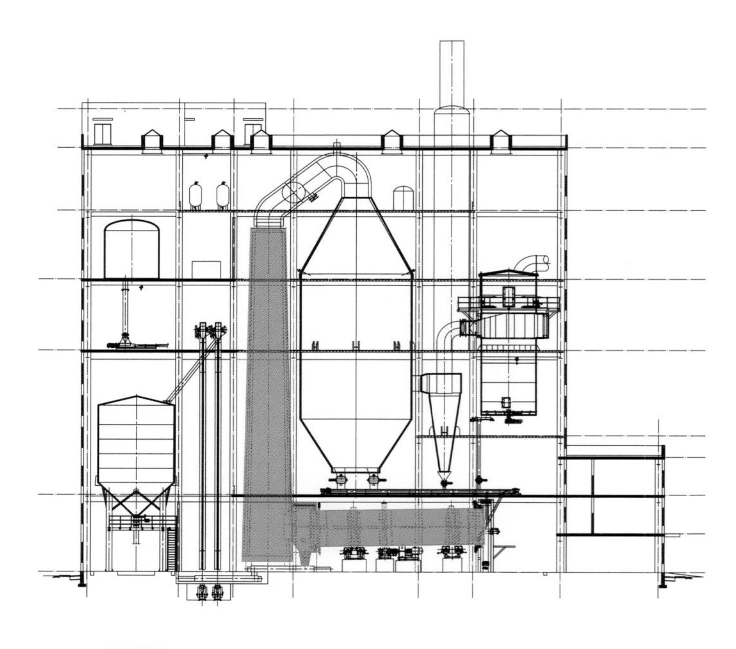

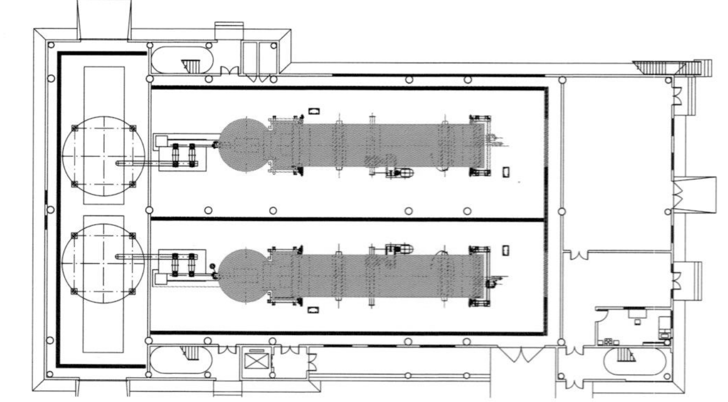

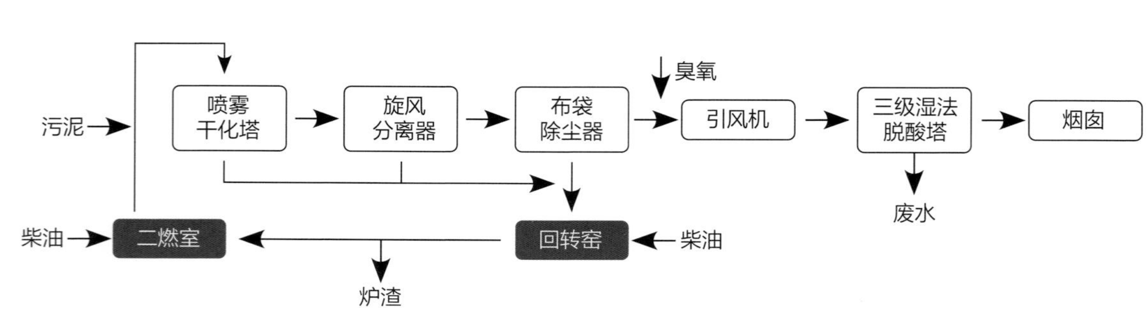

污泥喷雾干化焚烧流程简图

回转窑与二燃室布置图

^ 双线回转窑

烟气净化系统

布袋除尘器为圆形设计，切向进风，无死角；脉冲对每只滤袋进行反吹清灰性能好；除尘器底部采用旋转刮刀机械出灰，避免堆积。

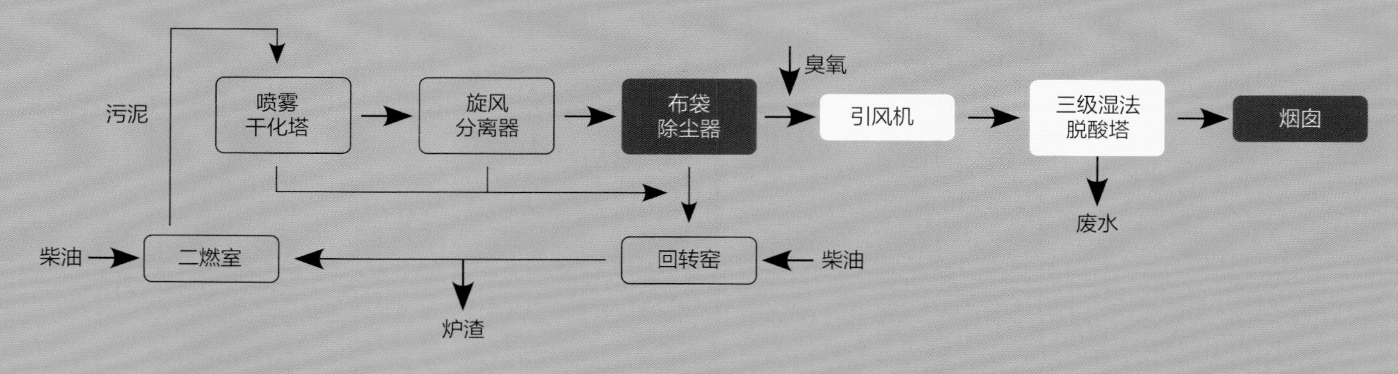

污泥喷雾干化焚烧流程简图

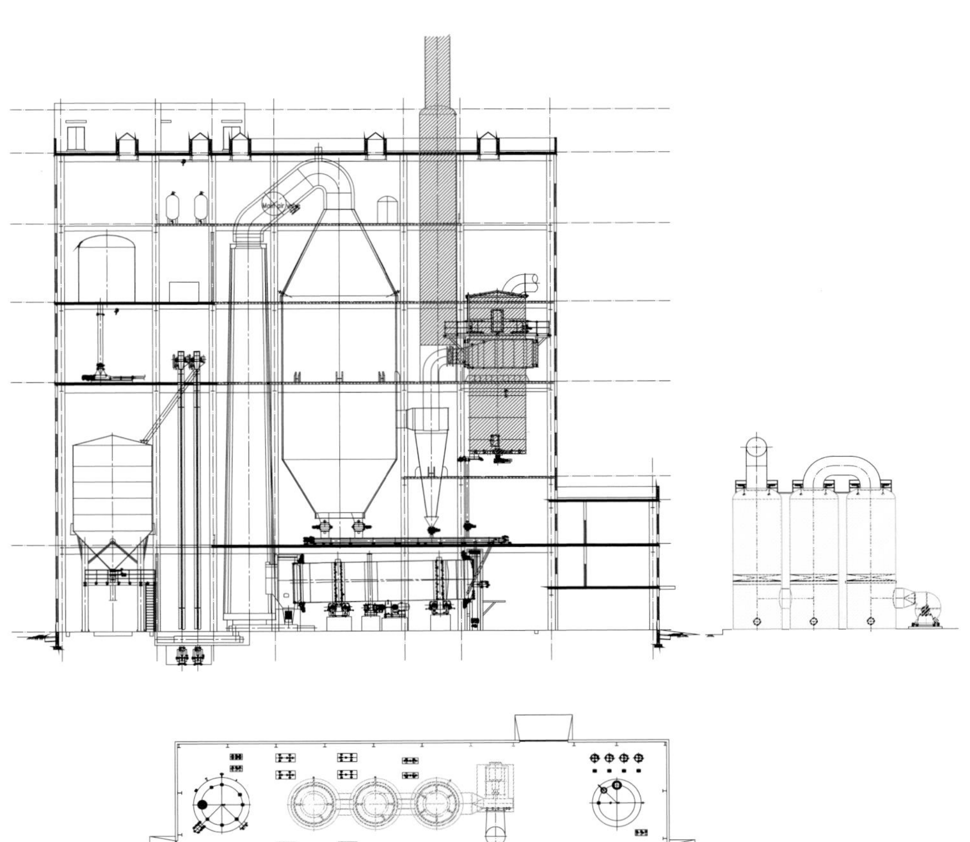

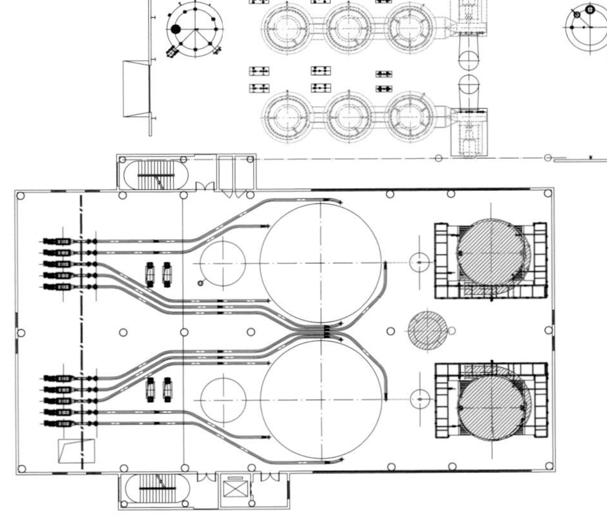

∧ 烟气处理系统布置

❶ 三级湿法脱酸塔

❷ 集成化烟囱

❸ 圆柱式布袋除尘器

项目实施历程

孟加拉达舍甘地污泥干化焚烧项目从2018年到2022年历经4年，经过严苛的洽谈签约、工程设计、加工制造、跨国运输、施工安装、联动调试等过程，于2022年3月顺利点火试运行。

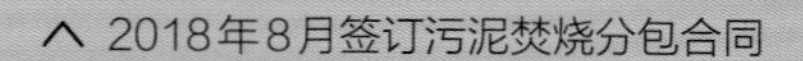
^ 2018年8月签订污泥焚烧分包合同

^ 孟加拉达舍尔甘地污染焚烧厂业主访问清华大学合影

^ 2022年3月项目交接

项目施工安装过程

该项目开启了中国技术、中国制造在海外落地实施的新阶段。该项目历经了多种考验：中国标准与国际标准之间的磨合、国际监理模式下项目实施方式、海外施工队伍的管理模式、疫情常态状况下的跨国交通与运输等。

^ 钢结构厂房及模块化主要设备安装就位

^ 车间一层基础及回转窑安装就位

^ 池塘洼地现场吹填打桩、场地平整

环境就是民生
青山就是美丽

“绿水青山就是金山银山”

绿色化设计的安吉喷雾式污泥焚烧厂

作为“绿水青山就是金山银山”理念诞生地，遵循安全、高效、绿色、低碳原则，经过安吉多年的国内外调研、技术方案征集、项目实地考察等，安吉污泥集中处置中心最终选定了由浙江环兴拥有的污泥喷雾干化与焚烧集成工艺。该项目建设遵循浙江省“一般固体废物不出县，危险废物不出市”的要求，确保在“家门口”就能实现污泥处理，力求漂亮、简洁、去工业化。项目建成后实现了县域污泥减量化92%以上，产生的灰渣实现了建材资源化利用，尾气排放远远优于欧盟工业排放指令2010/75/EC标准。与其他工艺相比，该工艺在创新性、先进性上有了重大的突破，系统性、完整性、成熟型、可靠性方面都有显著提升。

俞其林
浙江环兴机械有限公司　董事长

“喷雾干化+回转窑焚烧”工艺特点

系统简单，布置紧凑，占地少。

直接干化热效率高，安全可靠，自控要求低。

装置全国产化，投资运行成本低。

焚烧彻底，热灼减率低。

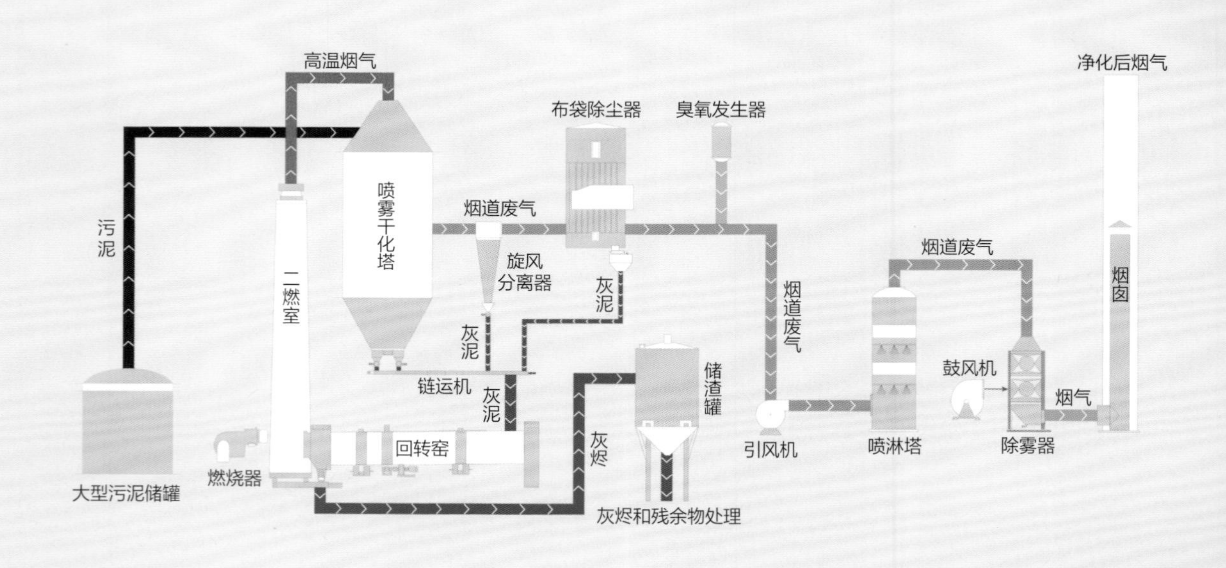

∧ 喷雾干化+回转窑焚烧工艺流程图

> 污泥干化焚烧项目全景图

项目特点

打造去工业化的园林式设计。

模块化钢结构多层厂房，施工快，占地少。

烟气近超净无烟羽排放。

灰渣气力输送：输送由机械输送到气力输送。

污泥干化焚烧功能分区

去工业化设计，构建园林式喷雾焚烧项目，厂区绿化率达40%以上，集工作、休闲、娱乐、参观功能于一体。

① 烟囱无烟羽排放　② 污水处理厂总体绿色设计　③ 污泥干化焚烧厂绿色园林设计

干化塔+回转窑

湿污泥被泵送喷入喷雾干化塔与二燃室过来的高温烟气直接接触换热，得到充分干化的污泥随后通过链运机进入回转窑焚烧处理。

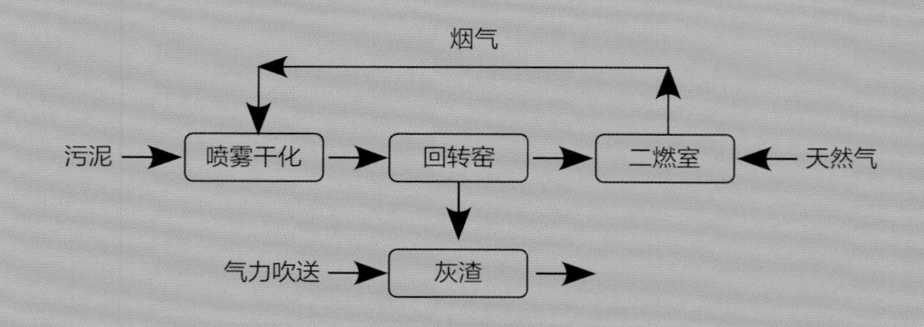

^ 喷雾干化+回转窑流程图

^ 喷雾干化塔底部与链运机

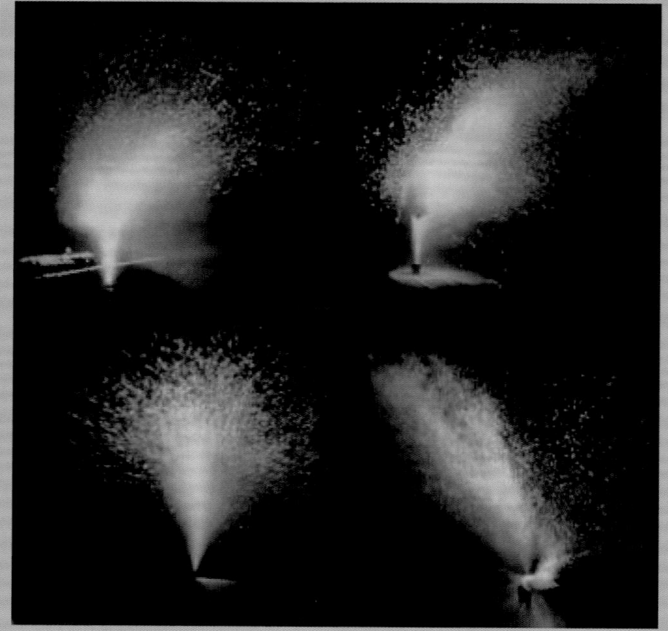

^ 喷雾模拟图

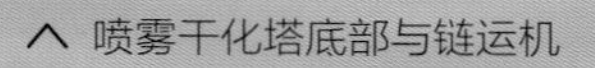

へ 回转窑

灰渣密闭气力输送

焚烧产生的灰渣均采用密闭气力输送，生产环境洁净卫生。

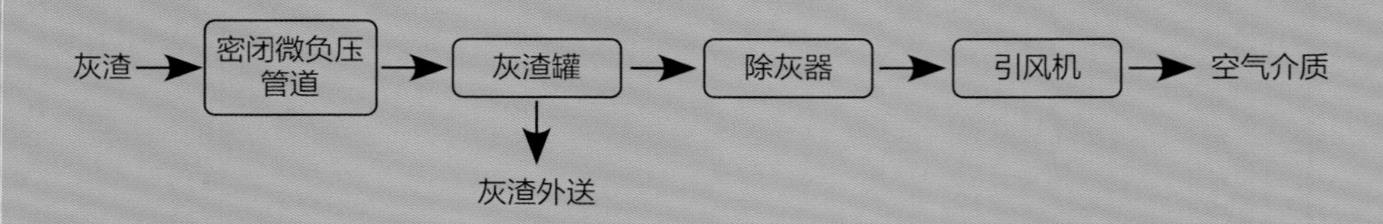

^ 气力输送流程图

① 密闭的灰渣外运区 ② 灰渣气送风机 ③ 灰渣管路

烟气净化——超净无烟羽排放

通过板式换热器，尾气凝结出大量水分，被加热后环境干空气再与降温脱水后的烟气相混合，降低排空烟气的露点温度，达到消减白烟的目的。

^ 烟气处理流程图

① 臭氧氧化装置 ② 烟气实时排放值 ③ 圆柱布袋除尘器 ④ 洗涤塔 + 脱白系统

无味厂区

污泥储存、输送、干化、焚烧全过程采用密闭与微负压设计。干化塔内污泥表面温度低，臭气不易产生。

① 污泥卸料区与储罐
② 废气燃烧
③ 干化污泥输送进入焚烧炉

能源供应

该项目为第一套采用天然气替代煤作为能源供应的污泥喷雾式干化焚烧项目，降低了烟气污染物处理难度与排放量。

① 850~1000℃污泥二燃室与天然气补给　② 天然气室内管道　③ 天然气供应区

项目设计

去工业化、园林化设计。

安吉“两山文化”宣教的环保领域组成部分。

① 喷雾塔与链运机

② 中控室

③ 去工业化景观

④ 安吉喷雾式污泥焚烧厂鸟瞰图
占地面积约为污水厂的5%

污泥治理蜀先行

成都市第一城市污水污泥处理厂污泥干化焚烧项目

截至2022年，成都市第一城市污水污泥处理厂污泥干化焚烧项目已建成处理规模总计600t/d（按含水率80%计）。一期工程建设规模2×200t/d（按含水率80%计），始建于2011年7月，于2013年2月建成投产并投入商业运行。二期工程建设规模1×200t/d（按含水率80%计），始建于2019年3月，于2020年8月建成投产并投入商业运行。项目投入运行以来，运行良好，一直备受国内外同行的好评，成为中国污泥独立焚烧的标杆项目，为天府之国的绿水青山做出了重大贡献。

汤乐萍
同方环境股份有限公司　总经理

项目概况

国内首个采用“半干化＋鼓泡床独立焚烧”工艺的污泥处理厂。稳定达产，运行成本低，大部分年份无需补充天然气。处置对象：成都市中心城区各再生水厂的脱水污泥。

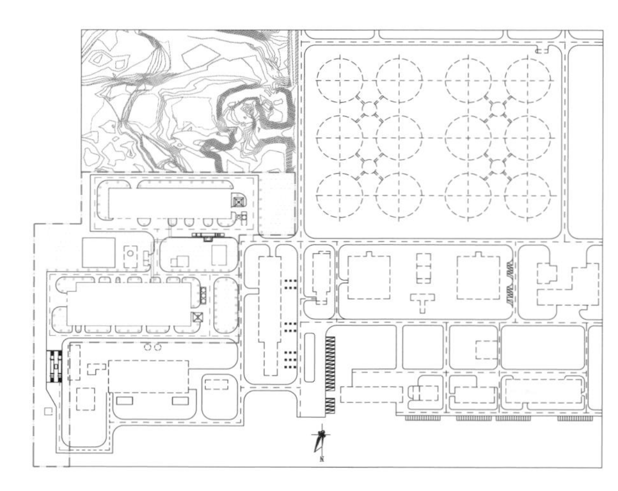

∧ 成都市第一城市污水污泥处理厂平面布置图

∧ 成都市第一城市污水污泥处理厂鸟瞰图
（右侧是成都市第九再生水厂，周边为白鹭湾人工湿地、农科院花卉基地等）

污泥储仓 + 螺杆泵输送 + 半干化污泥干化机 + 柱塞泵输送 + 布风管式污泥专用鼓泡流化床焚烧炉 + 高温空预器 + 余热锅炉 + 静电除尘器 + 活性炭喷射 + 布袋除尘器 + 引风机 + 湿法脱酸（钠法）+ 消白系统 + 烟囱

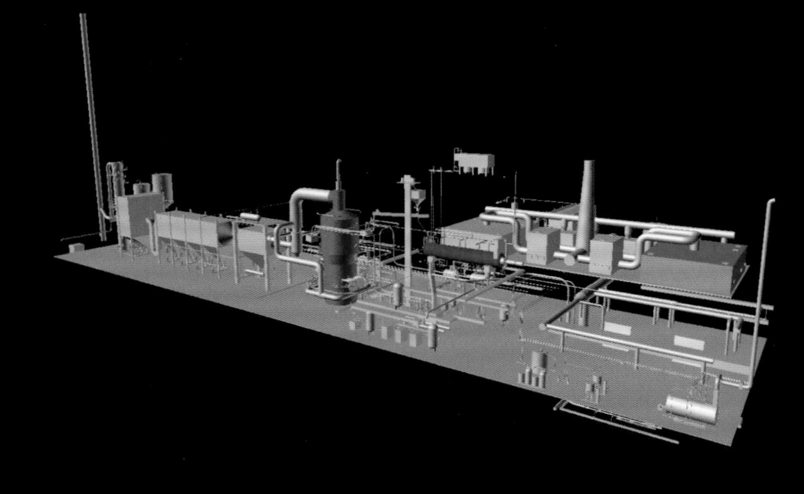

^ 成都市第一城市污水污泥处理厂污泥干化焚烧三维立体模型

^ 成都市第一城市污水污泥厂二期工程厂房夜景

污泥输送单元

通过液压双缸柱塞泵将干化后的污泥送入流化床焚烧炉进行焚烧。

① 一期工程污泥输送柱塞泵 ② 二期工程污泥输送柱塞泵

污泥干化单元

卧式薄层干化机采用蒸汽热媒。转子为一根整体的空心轴，其特殊的加工工艺可以确保转子在受热和高速转动的同时不产生挠度，在转子的转动及叶片的涂布下，进入干化机的含水率80%的污泥会均匀地在内壁上形成一个动态的薄层，污泥薄层不断被更新，在向出料口推进的过程中持续被干化。干化后的污泥含水率约为65%，通过溜槽落入半干污泥料仓，半干污泥料仓下方设置卸料螺旋和柱塞泵系统，半干污泥通过柱塞泵输送至后续焚烧系统。

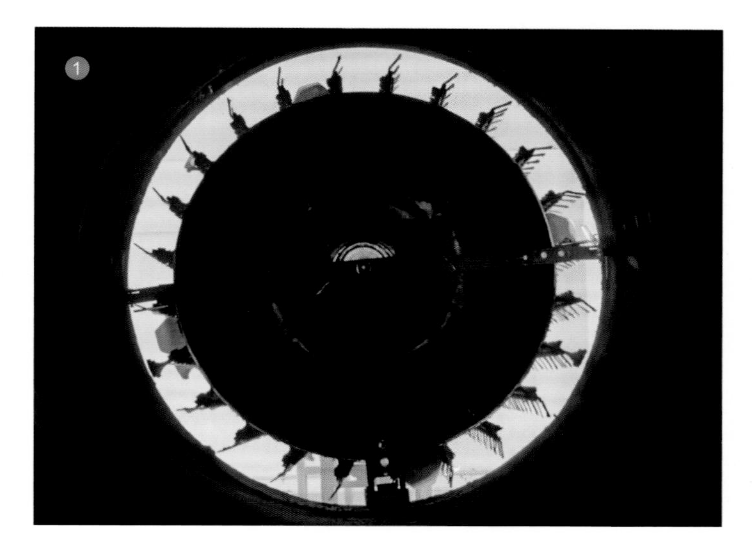

① 薄层污泥干化机轴端正视图　② 卧式薄层污泥干化机

污泥焚烧单元

同方－三菱布风管式污泥专用鼓泡流化床焚烧炉：助燃空气通过布风管进入砂床，形成鼓泡流化床，燃烧稳定。焚烧控制盘对焚烧状态（焚烧炉温度、压力等）进行实时精确控制，操作安全可靠。燃料适应性广，适应我国污泥高水分、低热值、波动大的特点，床内混合均匀。焚烧后炉渣和飞灰的热灼减率低。燃烧区温度在850~870℃，焚烧烟气温度>850℃，炉内停留时间≥2s。

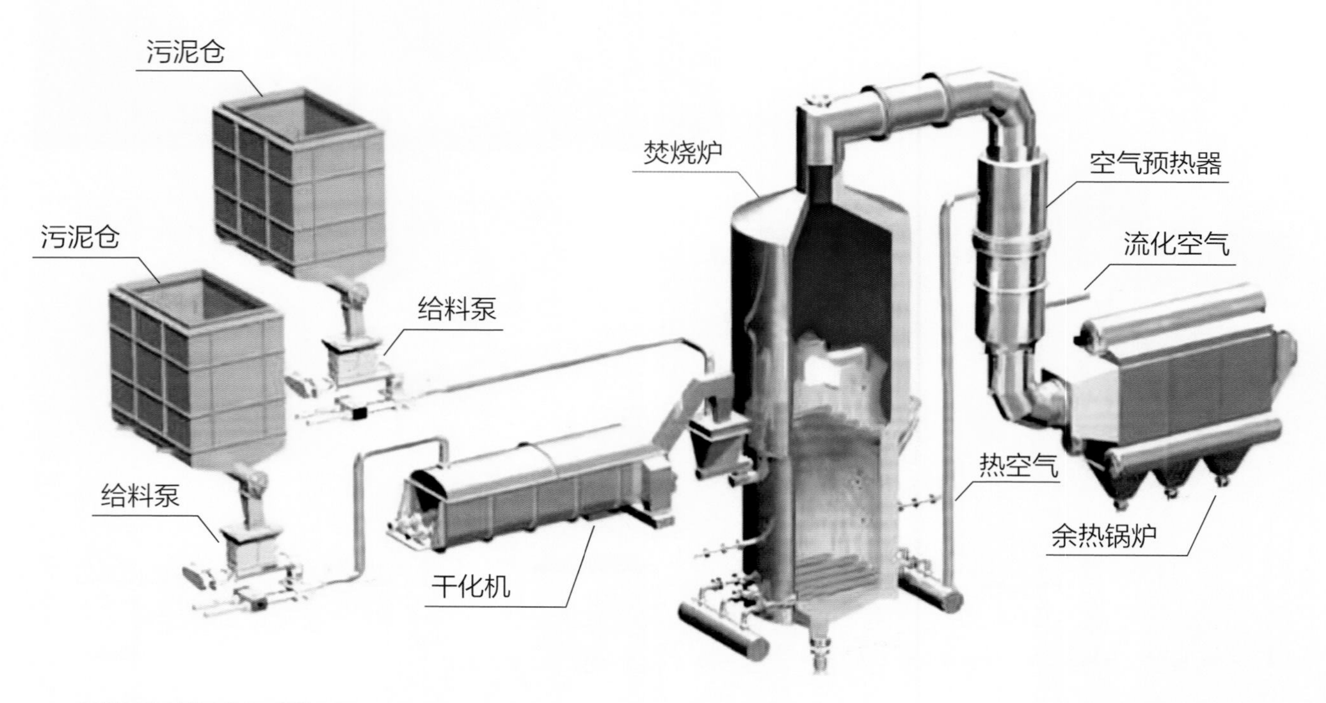

^ 污泥干化焚烧项目工艺流程图

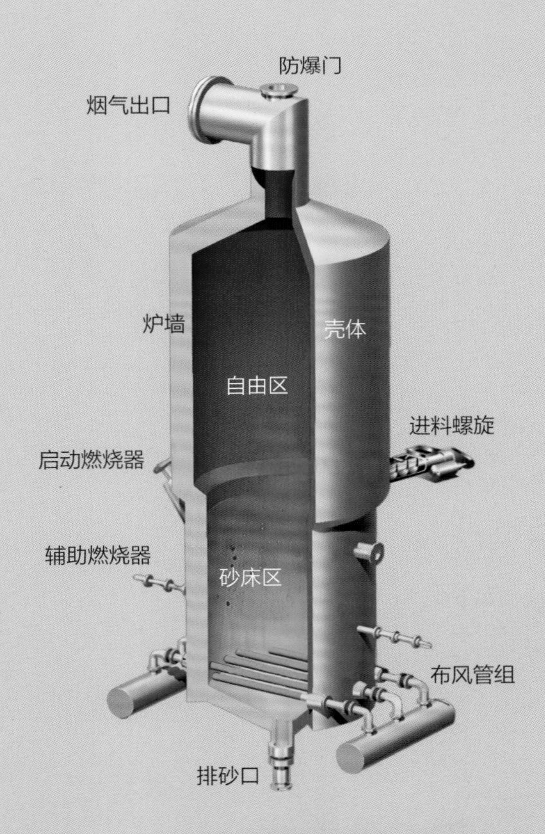

∧ 同方－三菱污泥专用鼓泡流化床结构图

① 焚烧炉顶部
② 焚烧炉中上部
③ 焚烧炉中下部
④ 焚烧炉下部

余热锅炉单元

余热锅炉进出口温度：662℃ /220℃。

污泥焚烧产生的热烟气（850~900℃）首先进入高温空预器将焚烧炉所需的流化空气加热至400℃，然后烟气进入余热锅炉继续回收其热量。

① 余热锅炉气包　② 余热锅炉本体

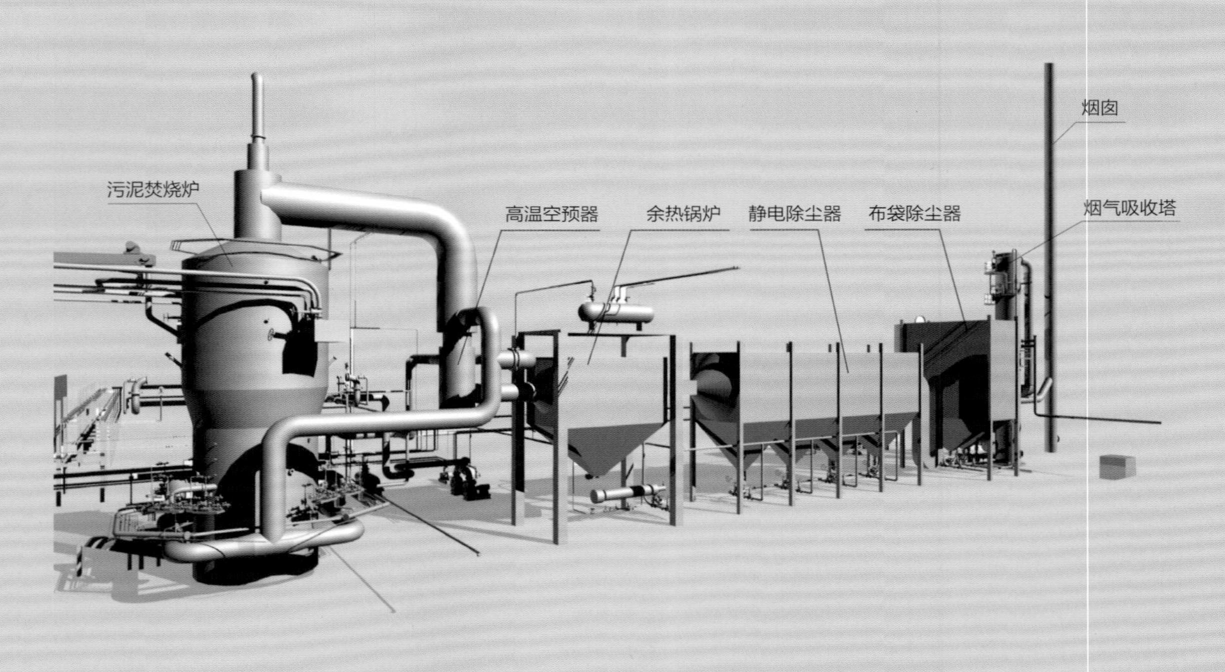

∧ 余热锅炉单元三维模型图

尾气净化单元

烟气经静电除尘器、活性炭喷射+布袋除尘器等组合净化措施处理后，再经钠基湿法脱酸塔，高效地脱除酸性气体、重金属、二噁英等，可高标准地达标排放。

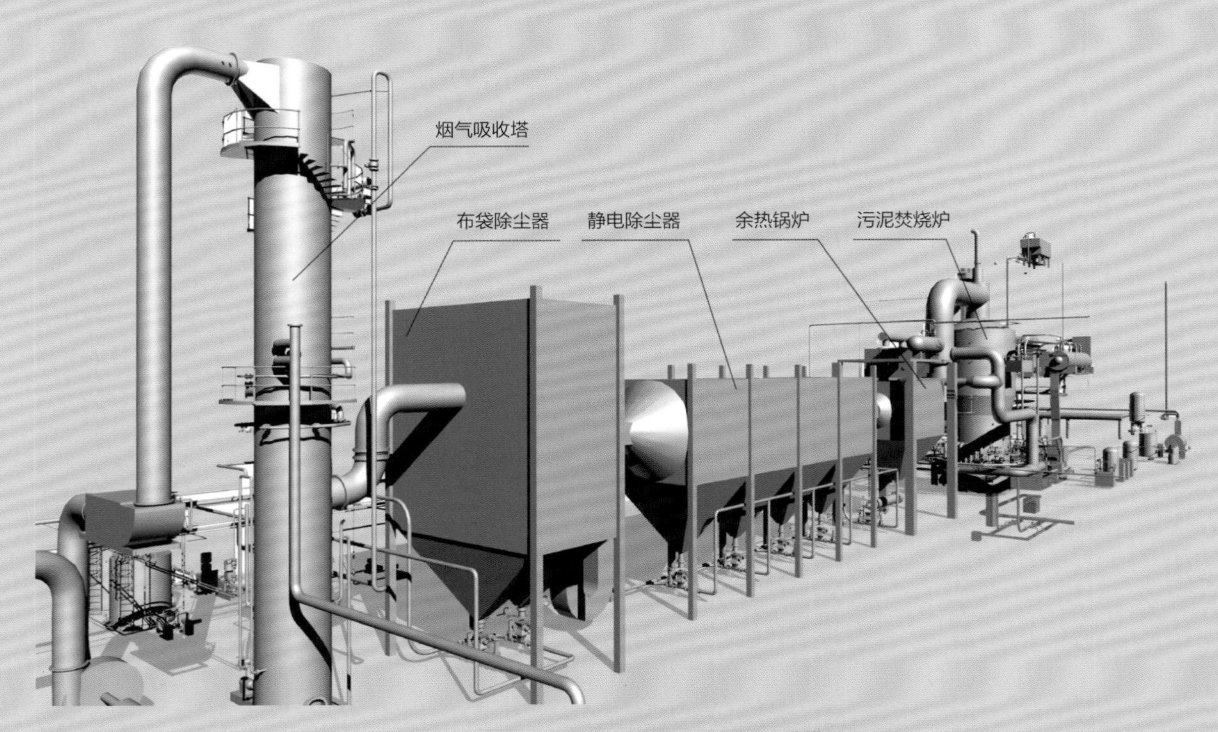

∧ 尾气净化单元三维模型图

① 静电除尘器　② 低压长袋脉冲除尘器

烟气吸收塔

引进奥地利 AEE 湿法脱硫技术。从除尘器出来的烟气通过引风机增压后进入脱酸塔，与碱液充分接触，脱除酸性气体。在脱酸塔顶部，烟气被中水冷却除湿，温度降低至45℃左右，排出脱酸塔。

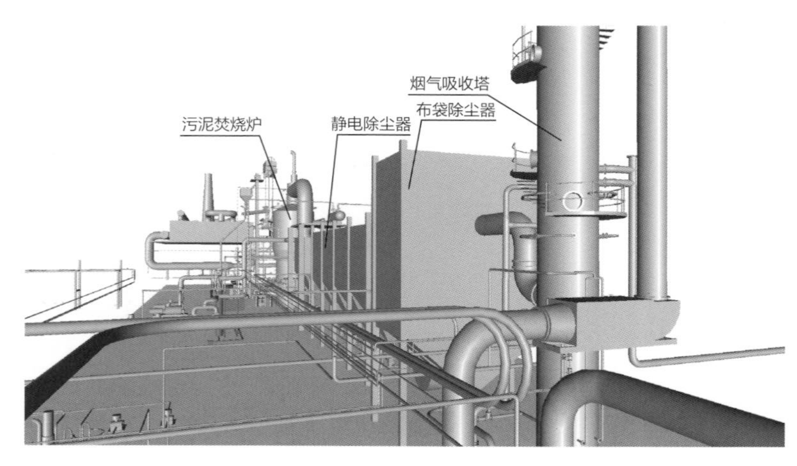

^ 烟气吸收塔的位置

^ 烟气吸收塔

烟囱与灰渣输送系统

烟气吸收塔出来的烟气被蒸汽加热且升温至105℃后，消除白烟，进入烟囱。焚烧产生的炉渣属一般固体废弃物，送卫生处置场填埋；飞灰属危险废物，送危废处置中心进行无害化处置。

へ 二期烟囱及灰渣输送系统

成都市第一城市污水污泥处理厂夜景鸟瞰图

浦江之畔行业先河

上海竹园污泥干化焚烧项目

上海市竹园污泥处理工程建成之初是亚太地区最大的污泥干化焚烧处理工程，主要服务上海竹园片区的竹园第一、竹园第二、曲阳和泗塘4座污水处理厂。设计处理量750t/d (80%含水率，高位平均热值12.19MJ/kgDS)。工程选址于竹园第一污水处理厂与长江大堤之间，沿塘路北，上海航道局疏浚船舶基地以东，合流污水一期排放口以西地块，毗邻竹园第一、第二污水处理厂，总占地面积5.83hm^2。北京京城环保股份有限公司在项目采用"污泥干化＋焚烧＋烟气处理"技术，集成了载气循环利用技术、干湿污泥混合入炉焚烧技术、干化焚烧系统余热利用技术和设备材料防磨损防腐蚀技术，目前已稳定运行多年，各项运营数据优异，可超产运行。

赵传军
北京京城环保股份有限公司
党委书记　董事长

项目概况

上海作为我国经济最发达的城市之一，在兴建环保工程方面，一直倡导采用最先进可靠的工艺技术和设备，与世界发达国家接轨。通过近十年的实践，已取得了成功，为全国污泥处理处置行业探索出了适合国情的路线，起到了引领作用。本项目2016年被生态环境部评选为“环境保护科学技术奖”，2017年被评为住建部“市政公用科技示范工程”，2019年被评为“上海市政府科技进步二等奖”。

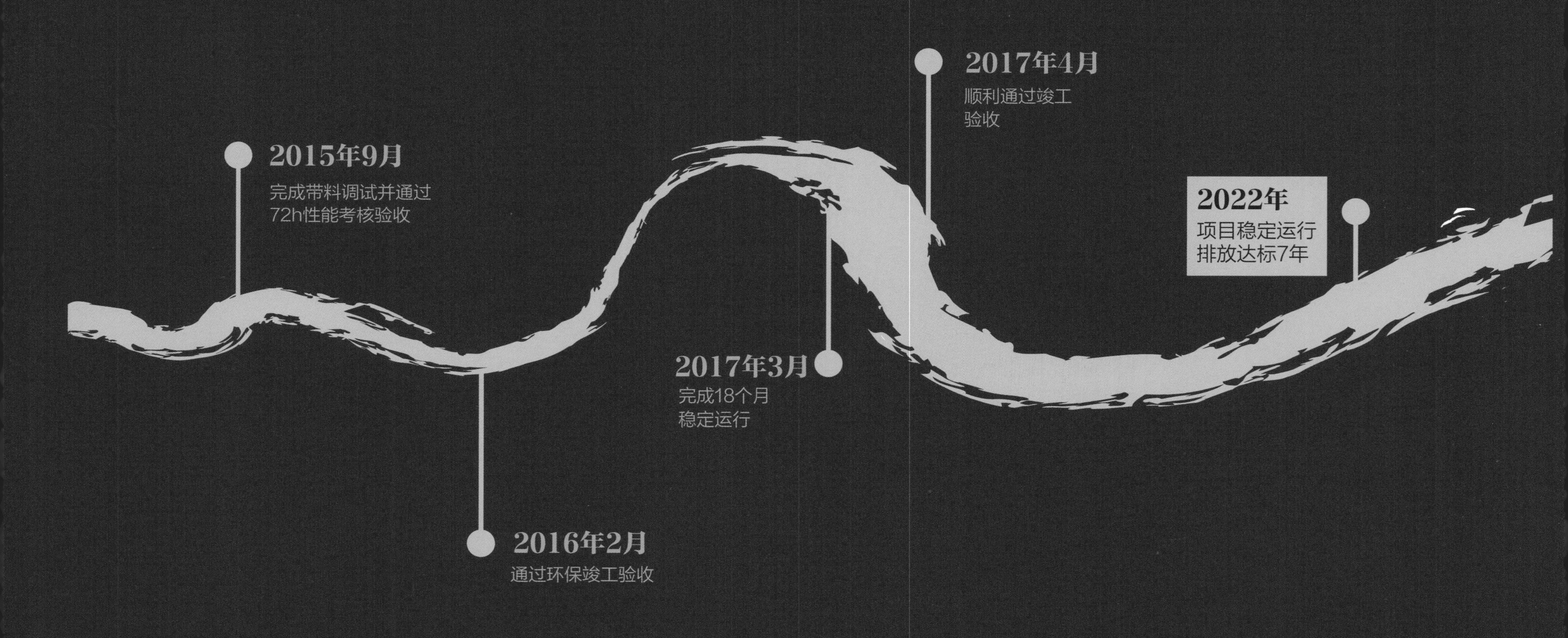

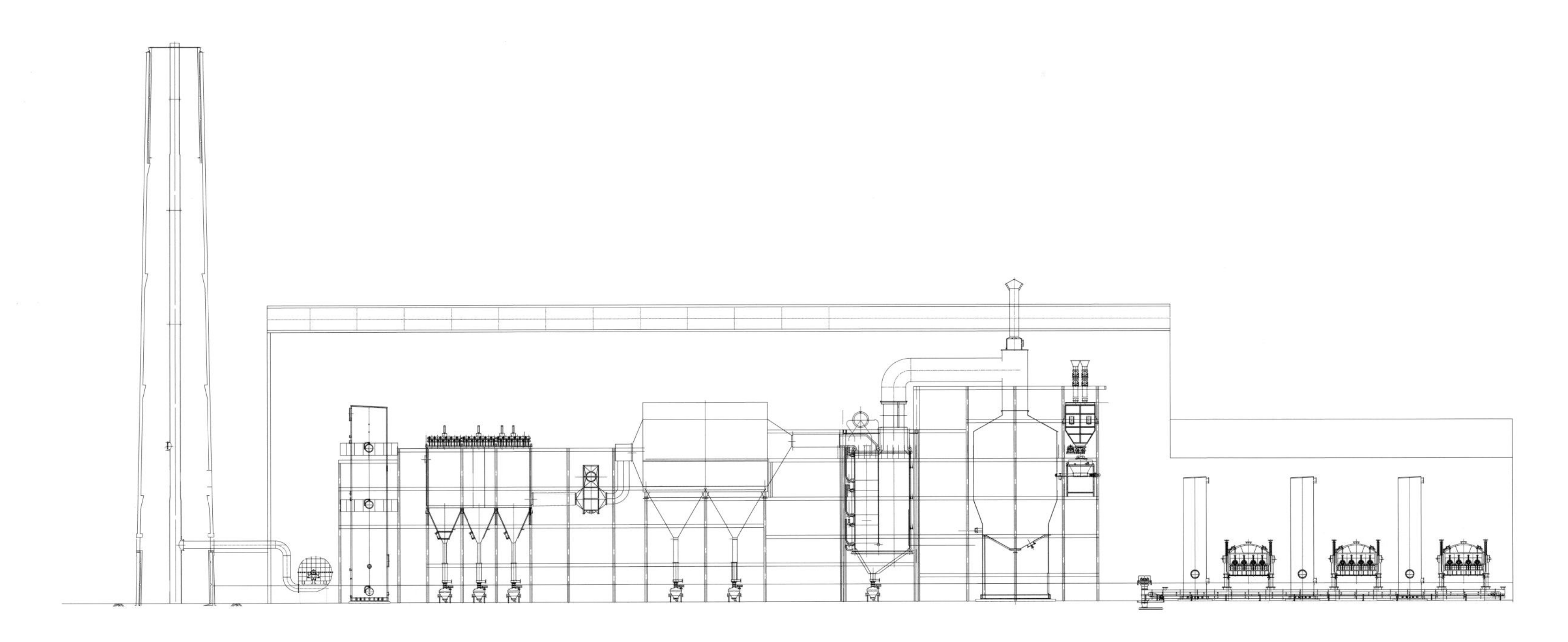

^ 立面布置

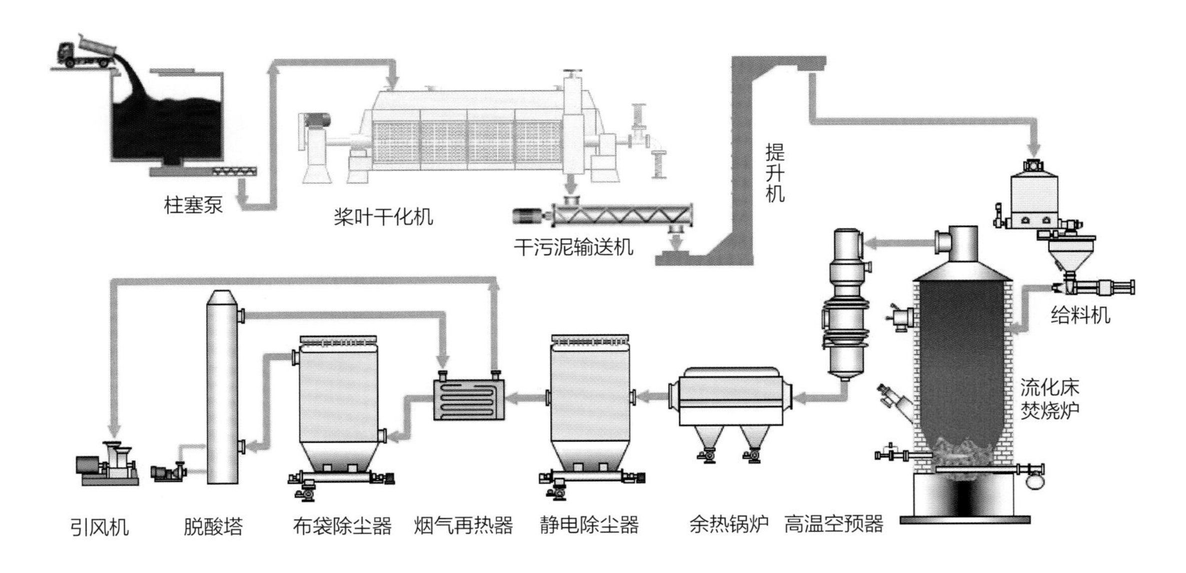
柱塞泵
桨叶干化机
干污泥输送机
提升机
给料机
流化床焚烧炉
引风机
脱酸塔
布袋除尘器
烟气再热器
静电除尘器
余热锅炉
高温空预器

^ 工艺流程图

加强安全法制 保证安全生产
京城环保 锐意创新 建优质工程 筑行业典范
京城环保

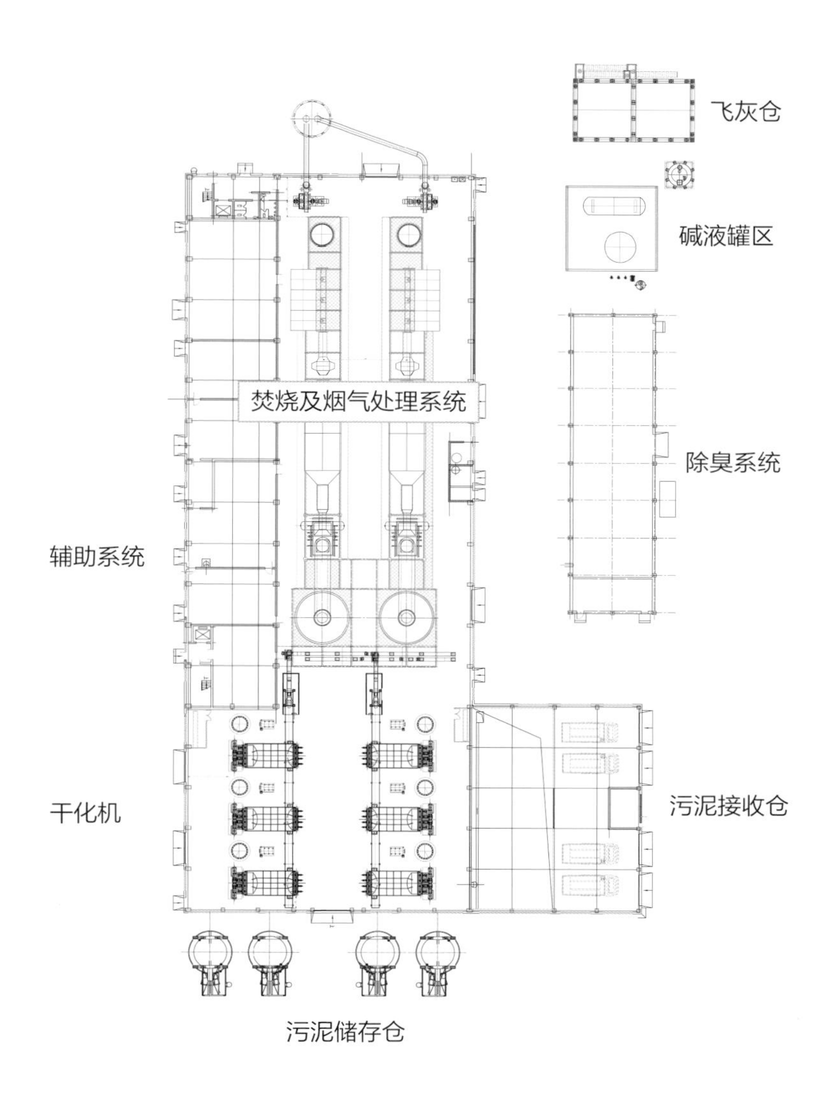

∧ 污泥处理厂平面布置

＜ 干化焚烧车间实景

污泥接收储运及干化系统

接收仓和储存仓的臭气抽送至焚烧炉内焚烧，接收仓顶盖板关闭后为负压，防止臭气外泄。

接收仓和储存仓均配有液压滑架，防止污泥起拱、板结。

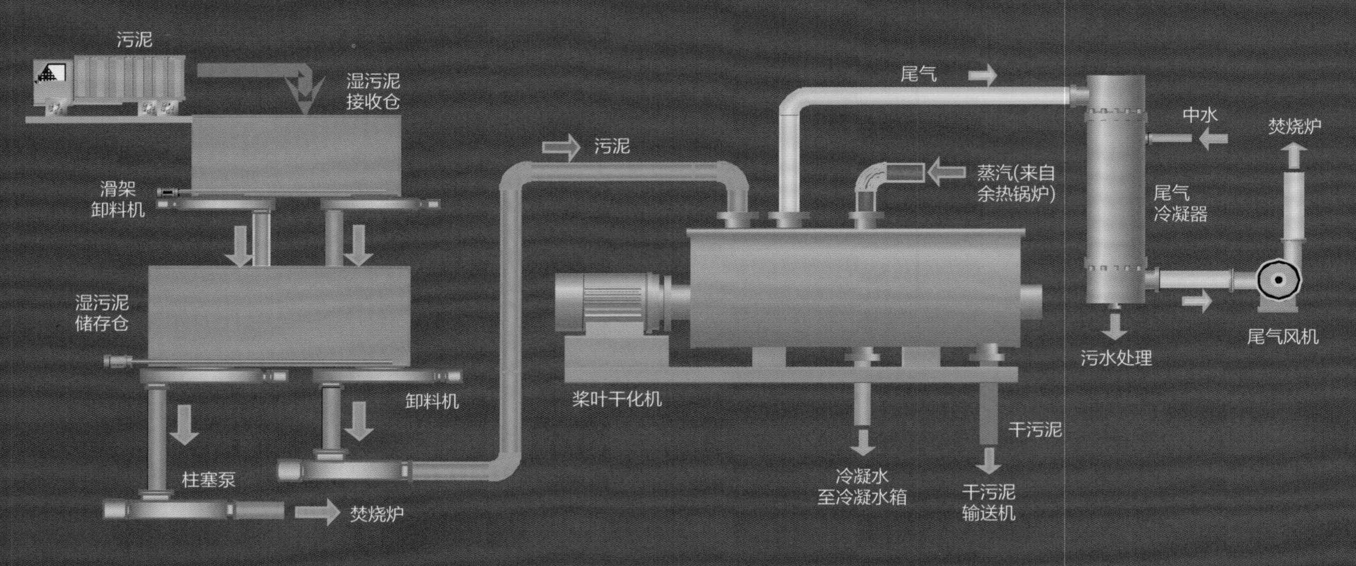

^ 污泥接收储存及干化段工艺流程

^ 湿污泥接收仓

^ 湿污泥储存仓

桨叶干化机

桨叶干化机热效率高达90%，运行维护费用低，节省占地面积。
本项目采用桨叶干化机6台套。

^ 桨叶干化机

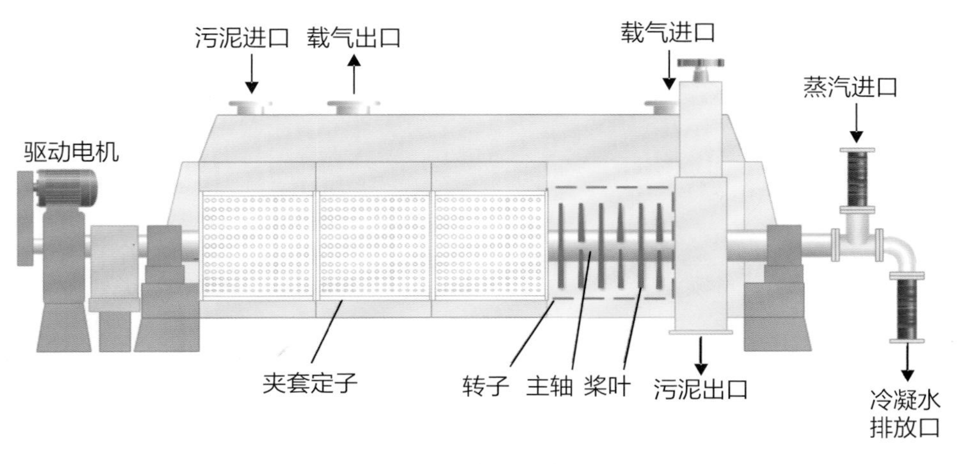

^ 桨叶干化机剖面图

污泥干化及焚烧车间全景

车间主要设备为桨叶干化机和流化床焚烧炉。桨叶干化机热效率高达90%，能耗费用是热风干燥机的30%，所需要的热能为焚烧余热利用产生的蒸汽作为干化热源。流化床焚烧炉，设计单炉额定处理能力为3.65tDS/ h ，高峰负荷为175tDS/d ，年运行不低于7500h。项目配备6台干燥机，正常工况下干燥机5用1备，另有2座焚烧炉。

∧ 竹园污泥干化机实景

> 焚烧及余热利用实景

焚烧及余热利用系统

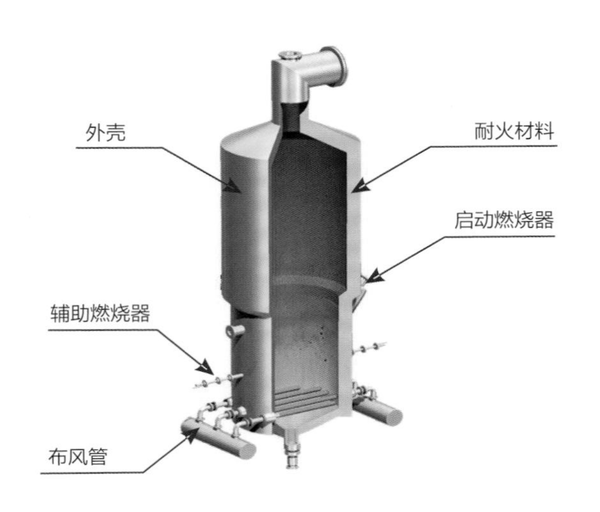

^ 焚烧炉模型图

流化床焚烧炉膛内空气分布管层上部有一个1~1.5m厚的细砂床，在焚烧炉运转过程中通过风机对空气的控制，使细砂床“沸腾”形成约2~2.5m的流化砂层床，保证物料完全燃烧。

设置2座流化床焚烧炉，入炉污泥含水率50%~60%，高温烟气进入高温空预器+余热锅炉，产生的饱和蒸汽用于干燥机及锅炉吹灰。

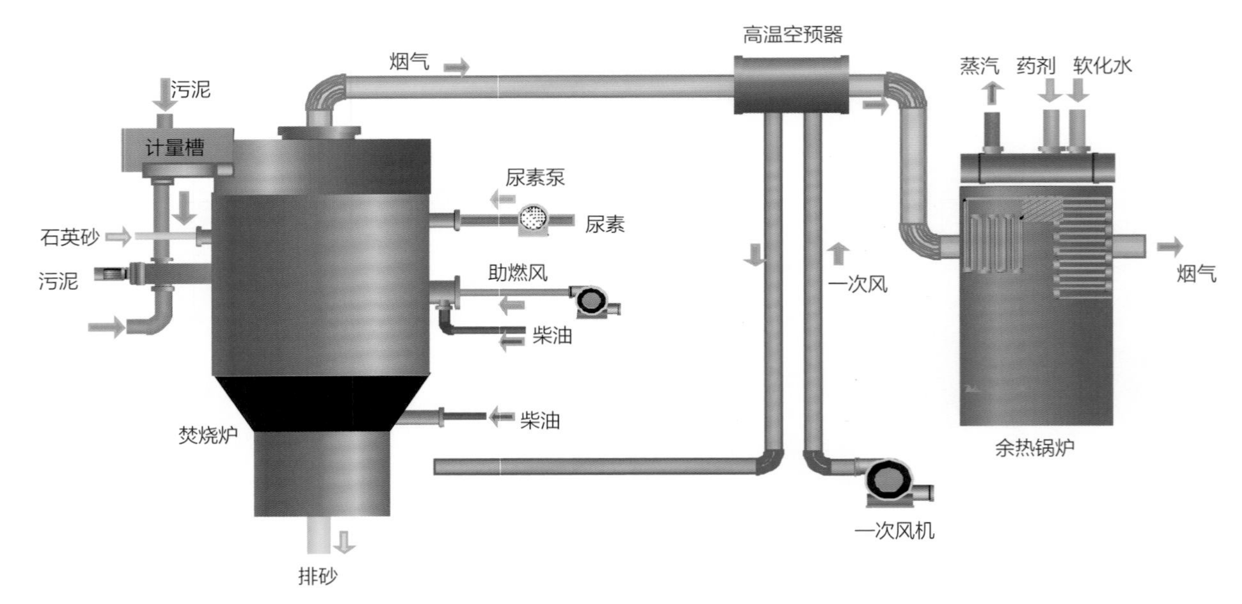

^ 焚烧及余热利用工艺段流程图

烟气处理系统

尾气经余热锅炉换热后进入静电除尘器捕获大部分飞灰。经烟气再热器降温、并在烟气中添加消石灰、活性炭后，进入布袋除尘器进一步除尘。最后经湿式脱酸塔脱酸后，再经烟气再热器消白达标排放。

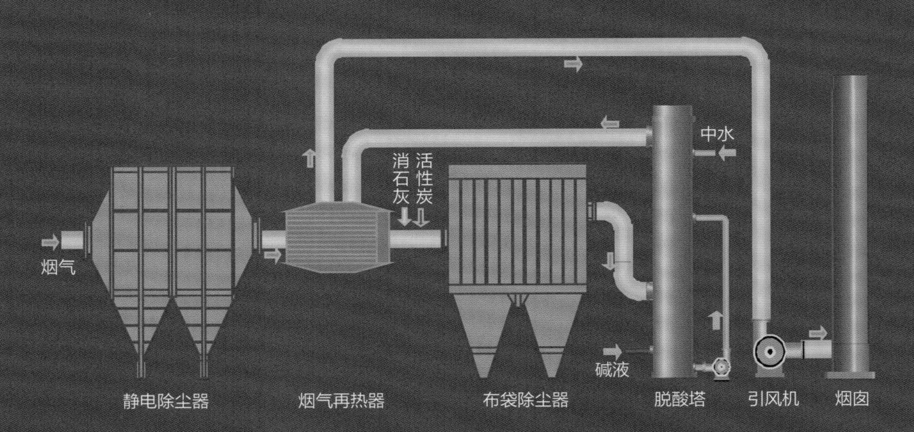

^ 烟气处理段流程图

① 静电除尘器：一般固废

② 布袋除尘器：飞灰危废

③ 洗涤塔：降温、脱酸

上海竹园污泥干化焚烧项目全景

热烈欢迎行业

项目全景图

低碳节能的完美示范

桐乡市污泥及工业固体废弃物资源综合利用项目

浙江嘉兴市的“桐乡市污泥及工业固体废弃物资源综合利用项目”位于桐乡市经济开发区南部，占地22亩（1亩≈666.7m^2，下同）。项目处置规模：污泥1000t/d（按含水率80%计）+纺织类边角料300t/d。利用当地纺织行业产生的高热值工业固废边角料为污泥干化焚烧过程提供能量，项目配套余热发电，可以持续对外输出蒸汽和电力。浙江裕峰环境服务股份有限公司作为主要投资方，主持该项目的建设实施，清控环境（北京）有限公司与同方环境股份有限公司联合为项目提供技术咨询和工程设计。项目的投产运行彻底解决了桐乡市污泥、纺织边角料工业固废的处置难题，也为污泥干化焚烧提供了一个低碳节能的完美示范。

韩志伟
清控环境（北京）有限公司 副总裁

污泥＋工业固废协同处置工艺流程

项目特点：

分类接收干污泥＋湿污泥＋边角料3种固废。

采用“热风炉＋回转窑＋二燃室”串联焚烧工艺，不同的焚烧炉型焚烧不同的固体物料，实现高效协同焚烧。

采用工业固废边角料大包装自动化仓储及上料系统。

余热蒸汽用于污泥干化和汽机发电，富裕蒸汽和电力外供。综合车间立体化布局，占地22亩。

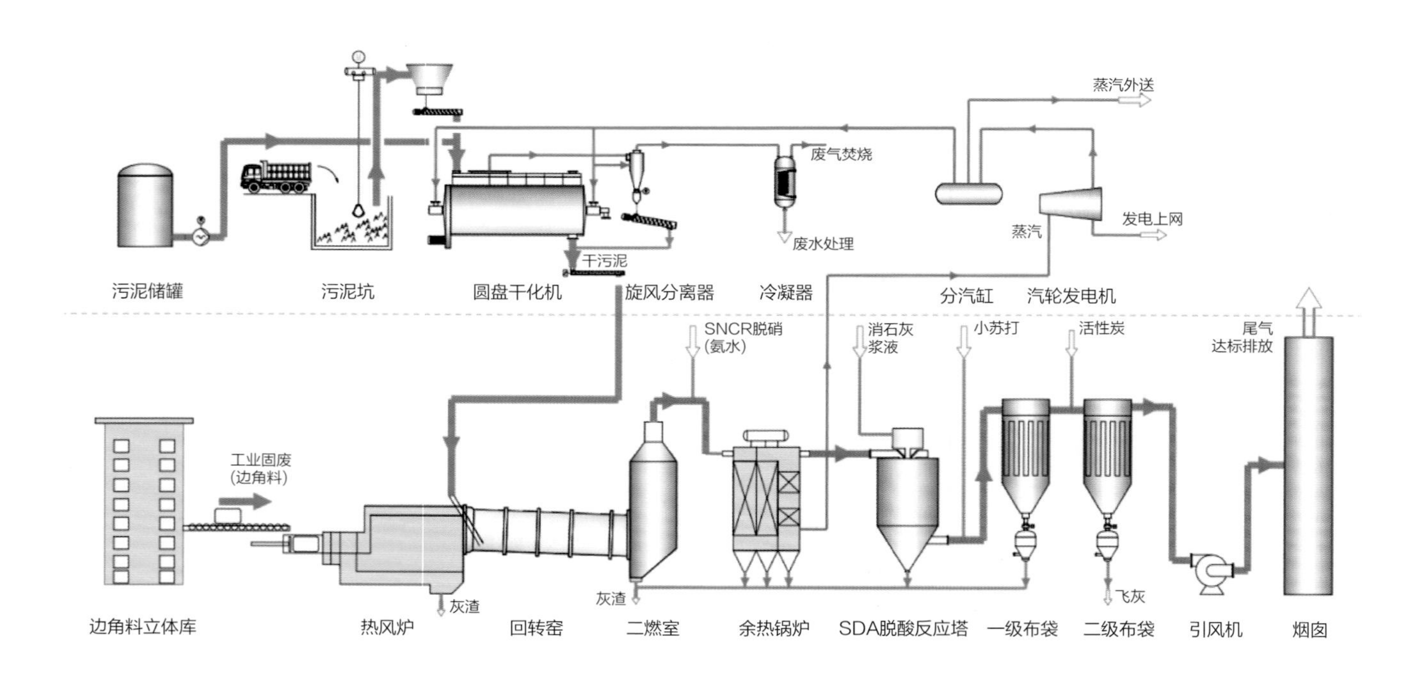

∧ 污泥＋工业固废协同干化焚烧工艺流程图

工业固废解决方案：接收上料系统

桐乡市为中国“百强县”，纺织业是支柱产业，年产生纺织边角料等工业固废约 10 万吨。本项目以纺织工业固废作为燃料，边角料协同焚烧产生的余热用于发电。

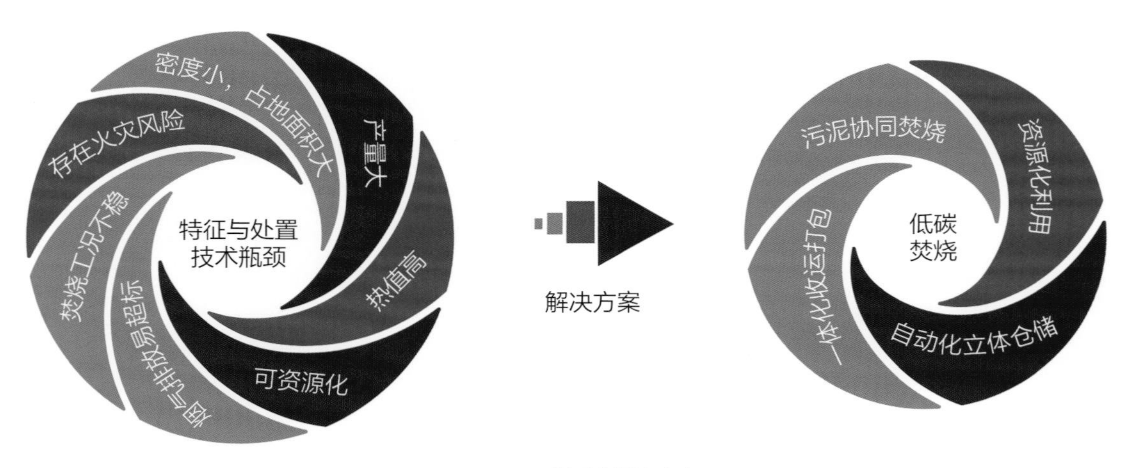

^ 工业固废解决方案

^ 大包装自动化立体仓储、转运、上料

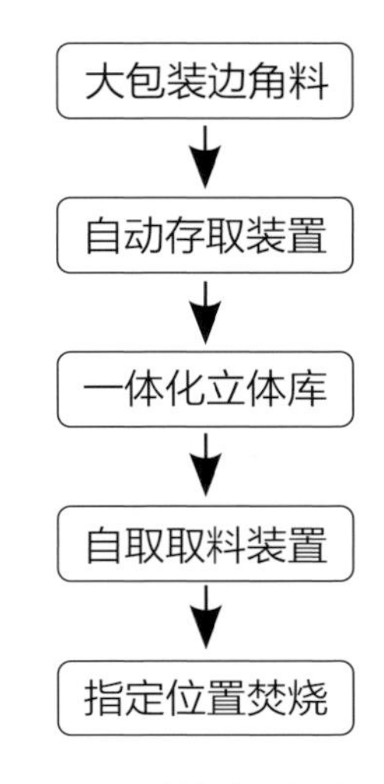

^ 纺织边角料接收上料流程简图

污泥接收上料系统

干污泥：含水率50%~60%的污泥。

湿污泥：含水率75%~80%的污泥。

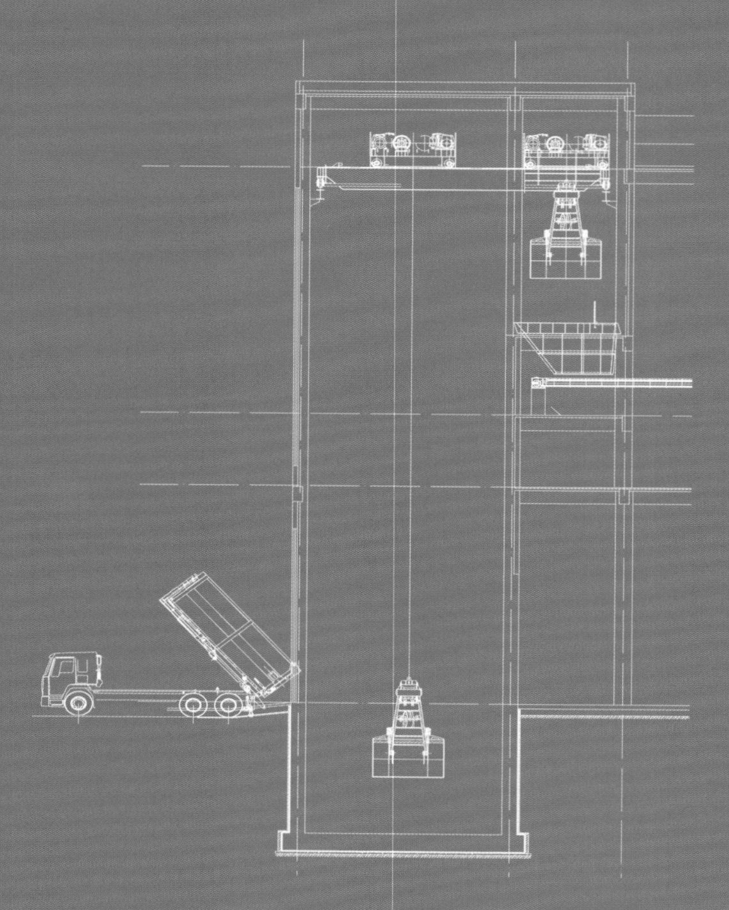

^ 干污泥接收及上料剖面

^ 污泥卸料廊道

^ 湿污泥储罐

污泥干化系统

∧ 污泥干化车间：8×125t/d

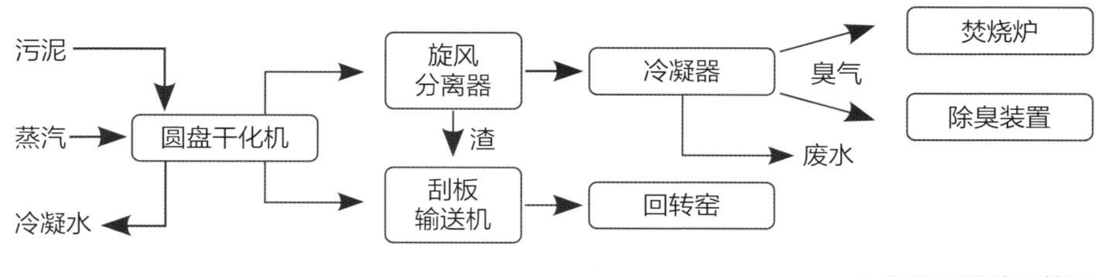

∧ 污泥干化流程简图

焚烧串联模式（2 条焚烧线）

热风炉：链条炉排炉，焚烧纺织边角料。

回转窑：焚烧污泥，外径4300mm/内径3600mm，长25m。

二燃室：外径5900mm/内径4740mm，高20m。

^ 热风炉（链条炉）

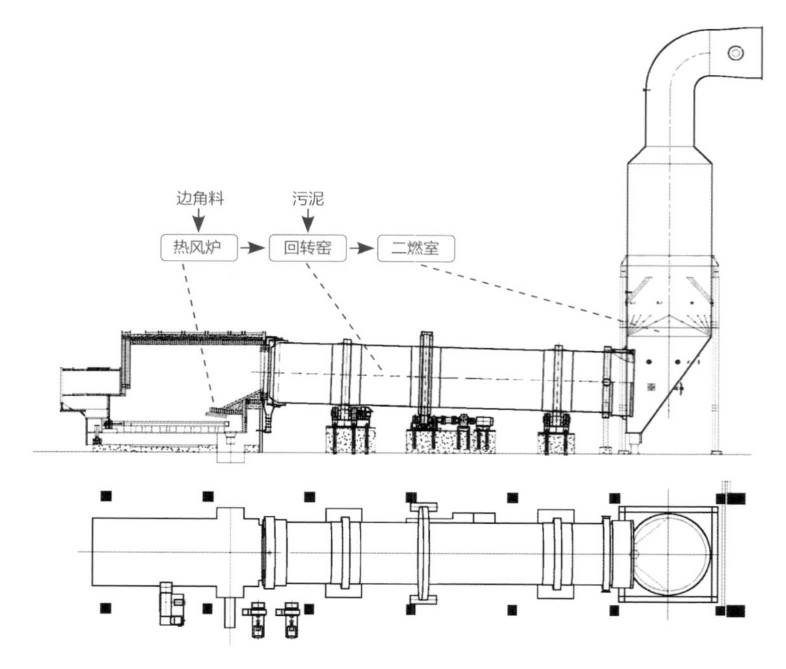

^ 焚烧线平立剖设计图

^ 双线回转窑全景

烟气处理系统（2条处理线）

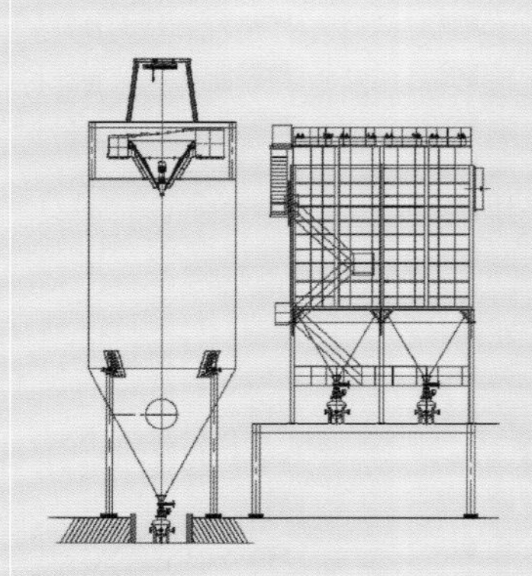

∧ 半干脱酸塔 ∧ 布袋除尘器

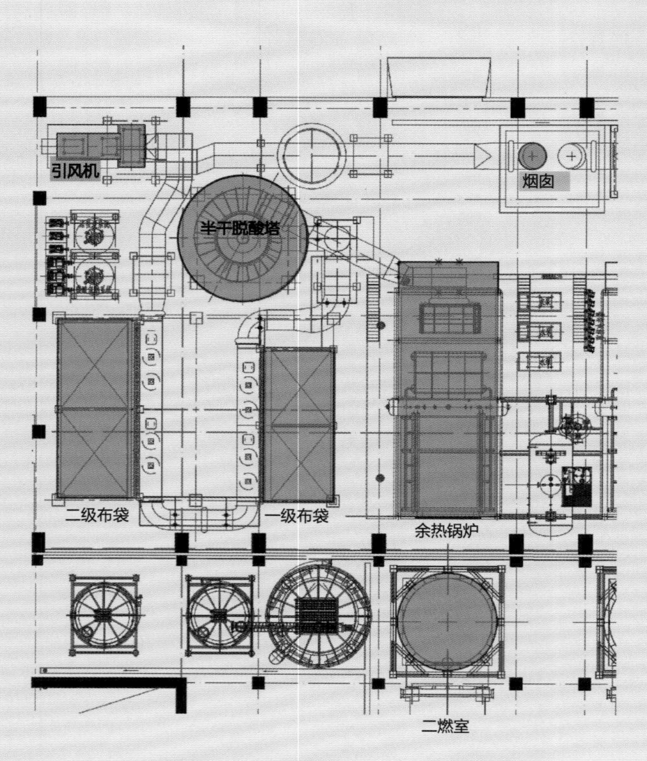

∧ 烟气处理平面布置（2条线对称布置）

∧ 半干脱酸塔

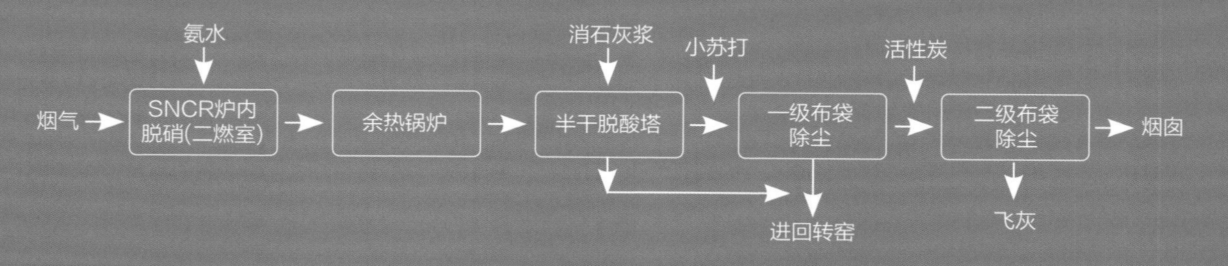

∧ 烟气处理生产线流程简图

∧ 布袋除尘器

余热利用——蒸汽外供 / 发电上网

余热锅炉额定产汽23t/h（3.43MPa/400℃）。
余热锅炉内设省煤器、蒸发器、过热器等。
产生的过热中压蒸汽用于发电。

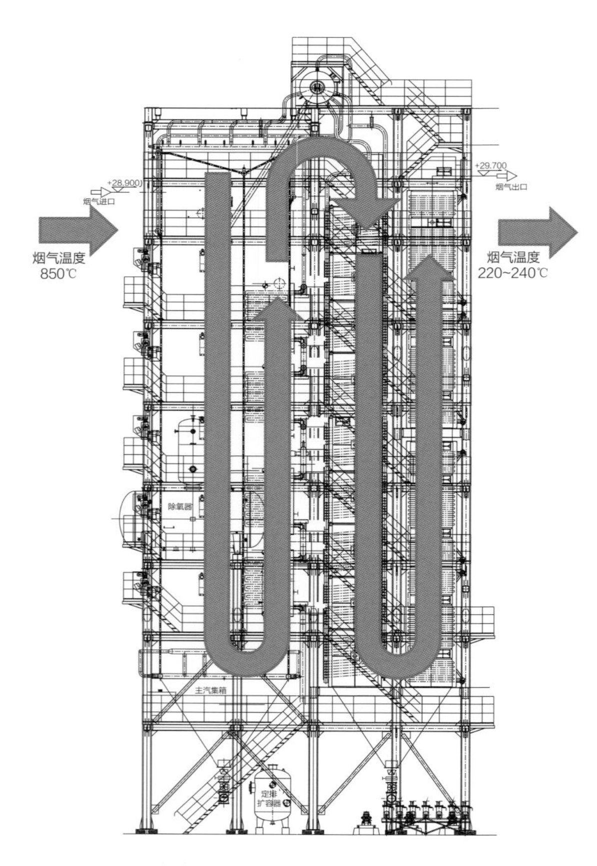

^ 立式四回程余热锅炉

^ 余热锅炉全景

抽气背压式汽轮发电机1×4.5MW，外供过热蒸汽3.6万吨/年，发电上网0.36亿度/年。

∧ 汽轮发电机

桐乡市污泥及工业固体废弃物资源综合利用项目全景

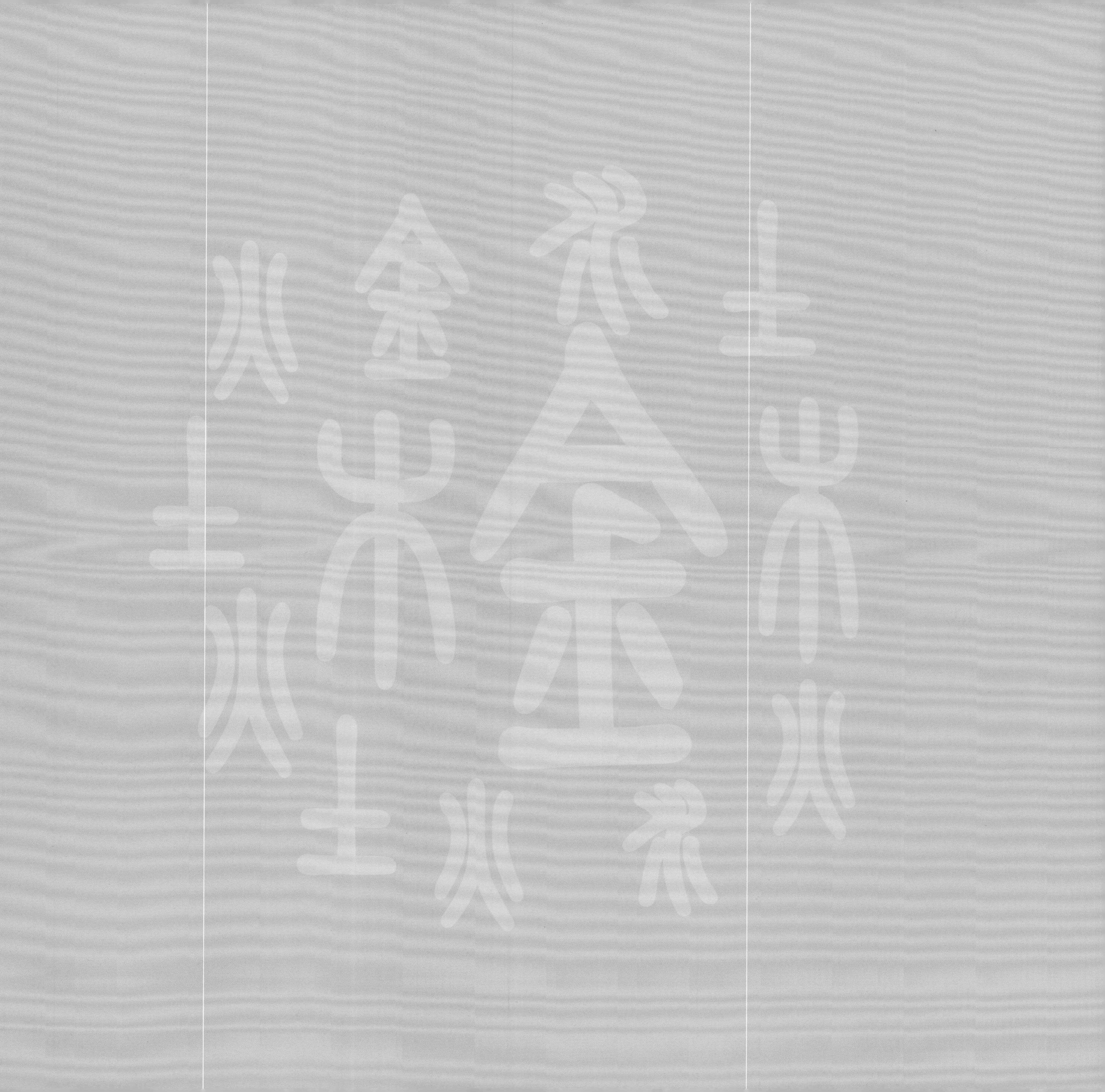

第二章

跨界创新的污泥喷雾干化焚烧技术

Interdisciplinary Innovation of Sludge Spray-drying and Incineration Technology

引言

城市污水污泥干化焚烧大型装备市场长期以来被美、日、欧大公司垄断，亟须国内自主知识产权的技术与装备。20年前，浙江环兴机械有限公司就在清华大学的助力下，依托自身化工装备制造优势，创新性地将工业界成熟的喷雾干化技术跨界引入污泥处置领域，成功开发出了具有自主知识产权的污泥喷雾干化-回转窑焚烧集成技术与装备。经过十几年的研发迭新，已形成标准化、系列化、成熟完善的设备加工能力和技术体系，在国内建立了十余个大型污泥喷雾干化焚烧项目，污泥日总处理量约8000t，是目前国内大型焚烧厂单一技术应用实例最多、工程体量最大的污泥处理技术，成功打破了污泥干化焚烧技术被国外公司垄断的局面。在国家“一带一路”倡议引领下，该技术还被成功推广到孟加拉等地，实现了技术与装备从“引入”到“输出”，从“中国制造”到“中国智造”的转变，成为了污泥处置领域的佼佼者和引领者。

王凯军（左） 俞其林（右）

两位污泥喷雾干化创始人

污泥喷雾干化－回转窑焚烧技术

污泥喷雾干化－回转窑焚烧技术主要由污泥管道输送、喷雾干化、回转窑焚烧、外能源补充、固体分离、除臭、湿法脱酸、脱白除雾等系统组成。污泥喷雾为大比表面积的雾滴状，与高温烟气直接接触干化，干化污泥进入回转窑焚烧，焚烧后烟气作为能源再循环入喷雾干化塔干化污泥，干化尾气经固体分离、臭氧氧化除臭、湿法脱酸、脱白除雾等达标排放。该技术创新性地将喷雾技术跨界应用于污泥处理领域，拥有完全的自主知识产权，核心装备完全国产化，投资低；干化时间短，比表面积大，热效率高，运行成本低；处理能力大，单体可达500t（按80%含水率计）；立式钢结构，集成化高，占地面积小，喷雾干化过程兼烟气骤冷双重功效，工艺流程短；新型尾气净化近超低“无烟羽”排放。

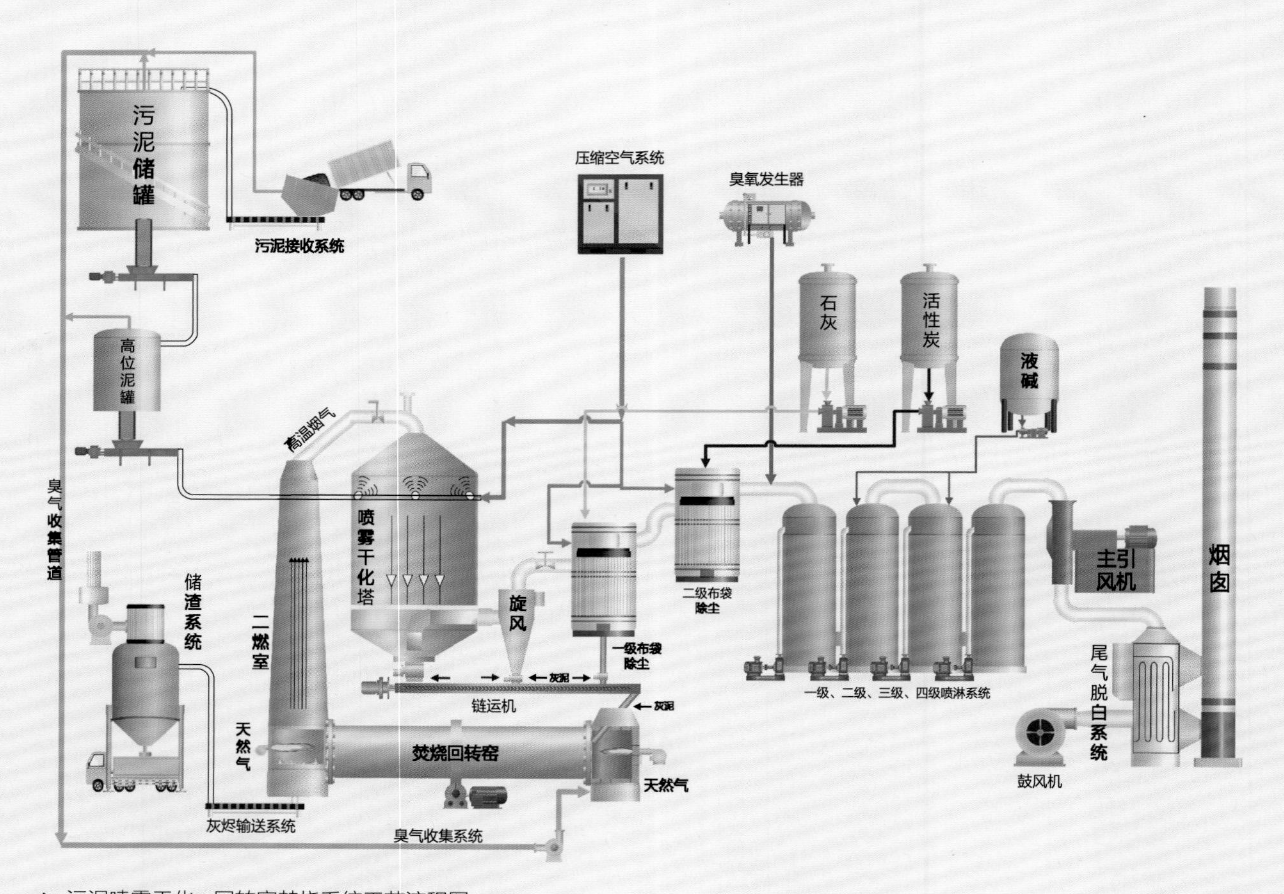

^ 污泥喷雾干化＋回转窑焚烧系统工艺流程图

发展历程

^ 2007年：60t/d污泥喷雾干化焚烧试验性示范（萧山）

^ 2008年：360t/d第一套污泥喷雾干化焚烧厂（萧山）

^ 2013年：1200t/d最大的污泥喷雾干化焚烧厂（绍兴）

^ 2014年：100t/d废液喷雾干化厂（盐城）

^ 2014年：320t/d工业污泥喷雾干化焚烧厂（上虞）

^ 2019年：320t/d工业园区污泥喷雾干化焚烧厂（蚌埠）

^ 2017年：800t/d废液与污泥协同喷雾干化焚烧厂（呼伦贝尔）

^ 2020年：290t/d去工业化的污泥喷雾干化焚烧厂（安吉）

^ 2022年：500t/d步出国门的污泥喷雾干化焚烧厂（孟加拉）

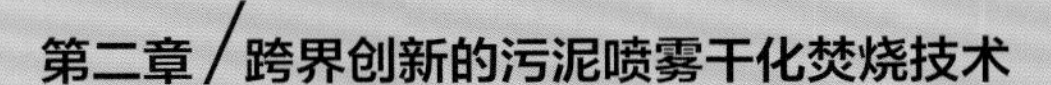

首座污泥喷雾干化焚烧项目实践

萧山钱江污泥喷雾干化焚烧厂

作为首座污泥喷雾干化焚烧项目，萧山钱江污泥喷雾干化焚烧厂采用“喷雾干化-回转窑焚烧技术”，主要配套处理钱江污水厂污泥，处理量为360t/d（按含水率80%计），占地7.5亩，吨泥约占0.02亩。浙江环兴机械有限公司于2008年投资建设并运营，设备投资与运行费用远低于国外技术，打破了国外对污泥干化焚烧技术的垄断；在“十二五”国家水专项支撑下，系统性地进行了研发验证，形成了系列化、规范化的技术装备。

全密闭的污泥管道输送与储存

15天储量的污泥储罐，可调节污泥产量与焚烧的平衡关系；全密闭的管道与罐体输送与储存，现场异味少，且利于干化焚烧。

① 10~15天污泥储量的不锈钢储罐
② 污泥输送泵与管路
③ 污泥高位储罐

喷雾干化系统

污泥焚烧的高温烟气对污泥喷雾干化过程（烟气温度500℃降到200℃以下，时间<1.0s）具有烟气净化功能。

① 高温烟气入喷雾干化塔处

② 喷雾干化塔＋二燃室

污泥焚烧与能源系统

喷雾干化焚烧系统的能源供应来自污泥回转窑焚烧的能量与煤在热风炉燃烧的能量。

① 干化污泥回转窑焚烧炉 ② 煤热风炉 ③ 二燃室

残渣风力输送

细小颗粒的焚烧残渣由风力输送，残渣的输送更灵活、自动化更高、风险性更低、环境污染更少。

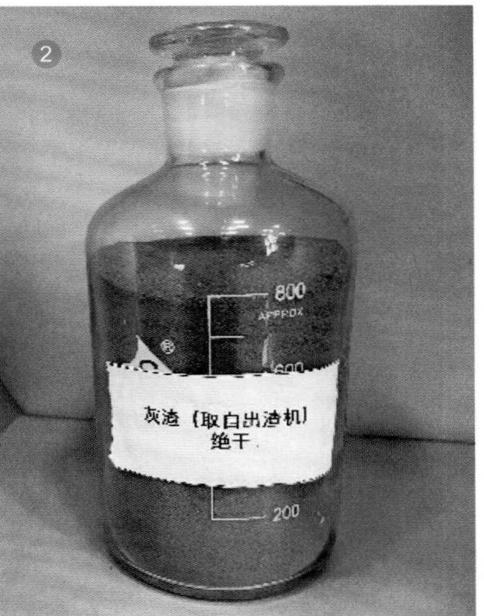

① 残渣储罐＋布袋固体截留器　② 污泥焚烧残渣　③ 残渣输送管道

圆柱式布袋除尘器

特点：圆形结构，无死角、脉冲喷射反冲；细密的PTFE覆膜材质；平底刮板在线清灰设计与智能控制，粉尘排放浓度<10mg/m^3。

① 圆柱式布袋除尘器 ② 圆柱式布袋除尘器内部 ③ 圆柱式布袋除尘器外部

臭氧除臭除污

臭气以硫、氮化物为主，臭氧+紫外+湿法组合，将低价态氧化为高价态，氧化去除臭气，同步低价态氮化物转为易溶于水的高价态，结合湿法去除。

① 臭氧发生器 ② 紫外氧化系统 ③ 湿法脱酸塔

脱白除雾除污

干化尾气经换热器降温后，凝结出大量水分，利用凝结放出的热能加热环境空气，降温脱水后烟气与加热的环境空气混合，降低了排空烟气的露点温度，达到消减白烟目的，尾气冷凝水的排出，也减少了尾气中污染物含量。

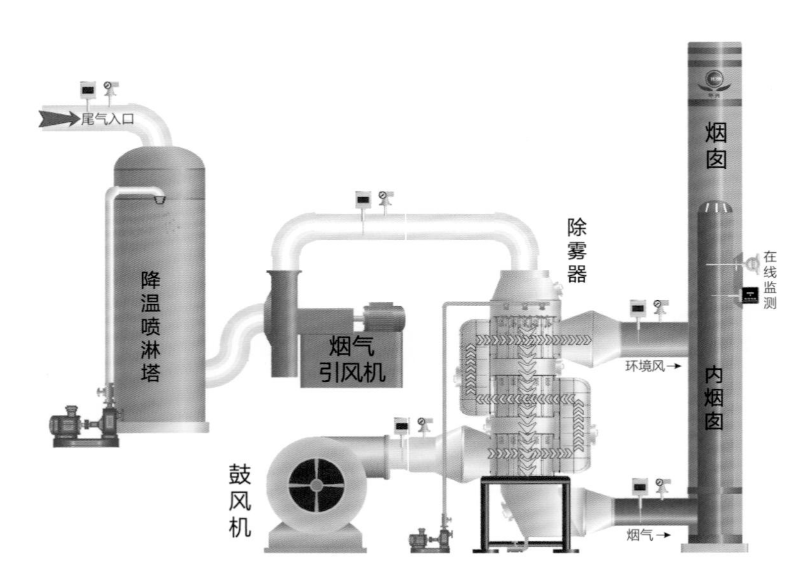

^ 烟气脱白系统工艺流程图

^ 脱白除雾设备

脱白前后烟囱排放效果对比

^ 脱白前

^ 脱白后

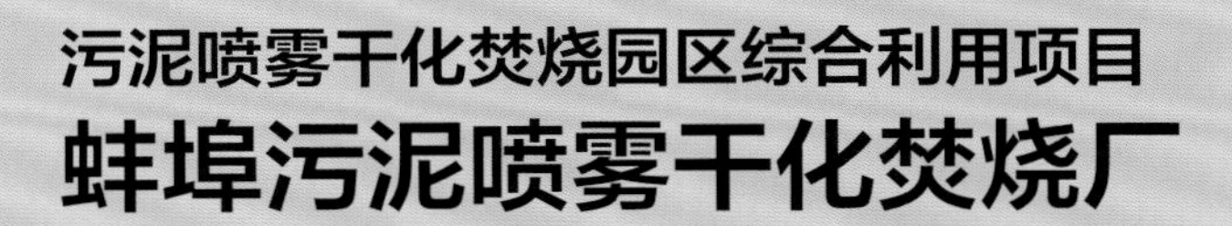

污泥喷雾干化焚烧园区综合利用项目

蚌埠污泥喷雾干化焚烧厂

蚌埠污泥喷雾干化焚烧厂位于蚌埠市龙子湖区垃圾填埋场，处理规模为320t/d，占地面积约34亩，主要协同处理工业园区内污泥与餐厨垃圾剩余物，能源补给为餐厨垃圾发酵产生的沼气。该项目由蚌埠旺能生态环保有限公司负责建设运营，采用“污泥接收计量＋污泥喷雾干化技术＋回转窑焚烧＋尾气处理技术＋污水处理系统＋自动化控制技术”的组合工艺，实现污泥与餐厨垃圾的稳定化和减量化。

预处理与输送系统

根据喷雾性能，将含水率低于60%的污泥通过碾压调浆成含水率70%以上，输送至污泥储罐。

① 低含水率污泥破碎调质　② 污泥输送泵与管路　③ 污泥储罐

喷雾干化系统

干化塔塔顶设置4个雾化喷头，污泥含水率可从80%干化降至20%，干化塔底部设有连续刮刀及时清理并将污泥送入链运机，整个过程无沉积，不与加热体长时间接触，避免因温度升高产生自燃，系统安全可靠。

① 雾化喷雾器 ② 塔底连续在线清理 ③ 干化塔

能源供应

主要来源于污泥焚烧本身能量、园区餐厨发酵沼气与天然气。
沼气与天然气供应在窑头与窑尾两个位置。

① 窑头供应沼气/天然气能源　② 沼气储罐　③ 窑尾供应沼气/天然气能源

固体分离系统

从喷雾干化塔引出的尾气经旋风分离出携带的干化污泥、后经圆柱式布袋除尘器深度分离，分离出的污泥与喷雾干化塔底部污泥一起由链运机送至回转窑焚烧。二级圆柱式布袋除尘器分离出细小飞灰，作为危废单独处理。

① 与喷雾塔衔接的旋风布袋固体分离装置　② 干化塔－旋风－两级布袋除尘器下料处　③ 飞灰储罐

臭氧氧化 – 湿法脱酸 – 脱白除雾除污一体化系统

除尘后的尾气处理主要由臭氧、湿法脱酸、脱白除雾组成，
实现除臭、脱硝脱硫与脱白的目的。

① 臭氧系统 ② 三级洗涤塔 ③ 脱白除雾装置

钢结构模块化多层设计

一层设计：回转窑、二燃室下部、储泥罐、储渣罐；

二层设计：二燃室中下部、干化污泥链运机、空压机等；

三层设计：二燃室中部、干化塔下部、储气罐、空压机等；

四层设计：二燃室中上部、干化塔中部、螺杆泵等；

五层设计：二燃室上部、干化塔上部、净化洗涤塔、高位储泥罐、引风机等；

顶层设计：二燃室顶部、干化塔顶部、净化烟囱等。

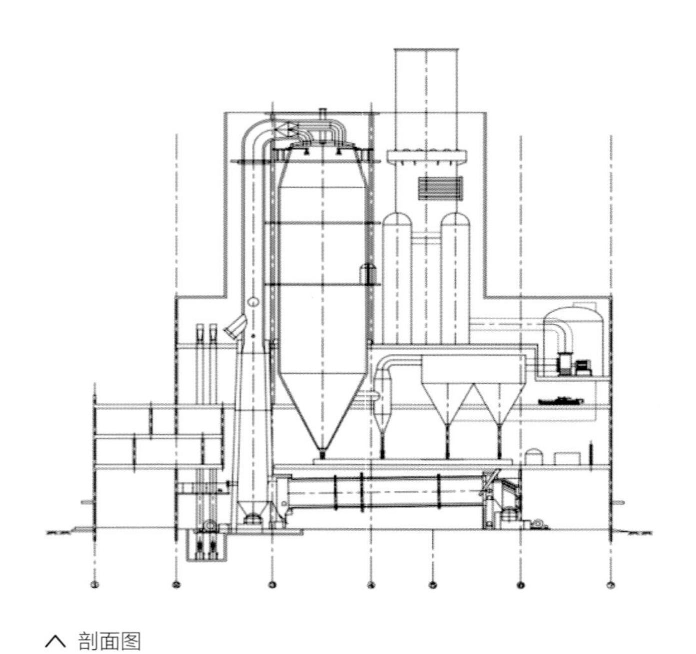

∧ 剖面图

五层

四层

三层

二层

一层

∧ 每层平面图

规模最大的污泥喷雾干化焚烧项目

绍兴污泥喷雾干化焚烧处理厂

绍兴污泥喷雾干化焚烧处理厂日处理污泥1200t（按含水率80%计），始建于2010年6月，分四条生产线，每条300t/d，总占地面积约16亩。主要配套处理污水量$9\times10^5m^3/d$，服务区域超过$300km^2$的绍兴污水处理厂的污泥。采用“污泥喷雾干化+回转窑焚烧+尾气处理+自动化控制”的组合工艺，是目前最大喷雾干化焚烧厂，连续运行周期长，也是迄今为止世界上最具规模的印染废水集中治理污水厂污泥处理的典范。

污泥输送与储存系统

污泥经打浆调质过滤预处理后进入储罐，储罐共8套，每套1500m^3，每条线对应2套；输送泵管路32条，对应32套雾化喷雾器，每套喷雾塔对应8条污泥输送管路（1用1备）。

^ 污泥输送泵管路

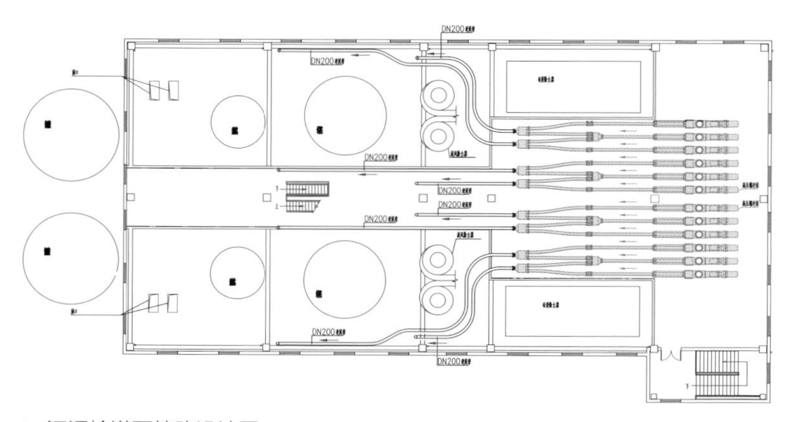

^ 污泥输送泵管路设计图

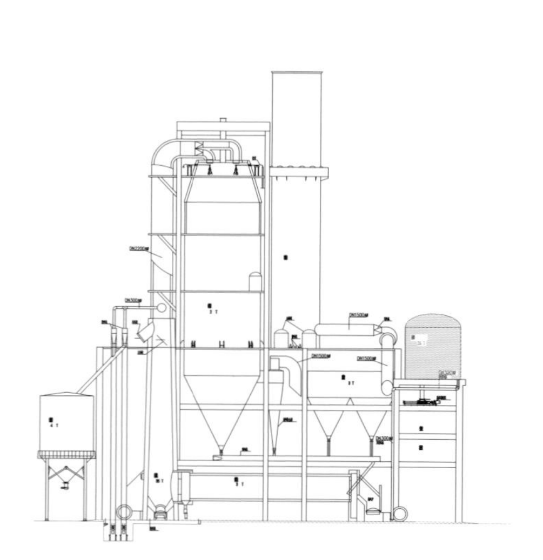

^ 污泥储罐设计图

^ 污泥储罐

干化与回转窑焚烧系统

喷雾干化塔4套，每套塔的直径为9.5m，塔高48m，每套塔内设置8个污泥雾化器（1用1备），干化污泥粒径0.05~0.5mm，含水率可低于20%。

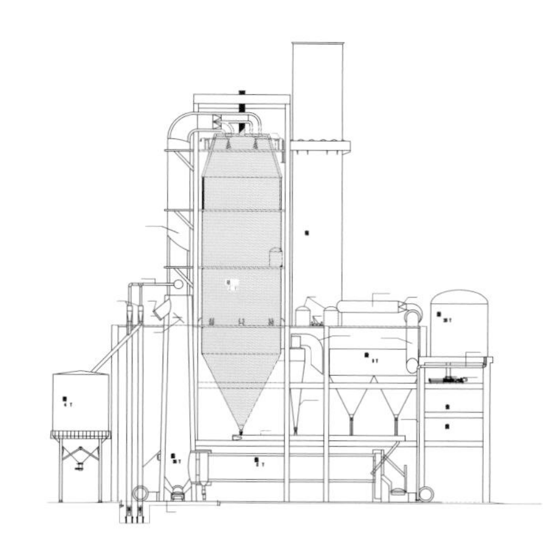

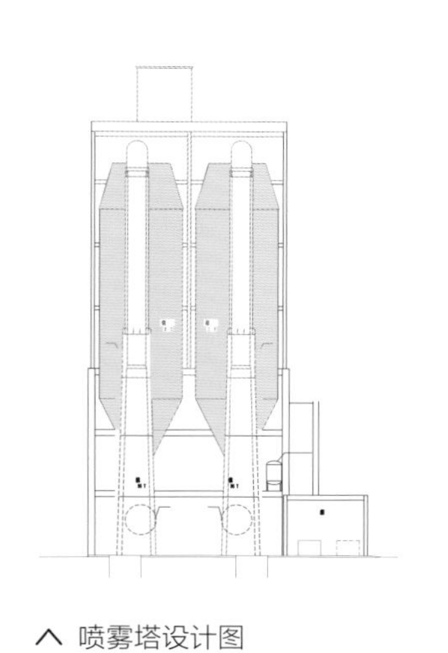

^ 喷雾塔设计图

^ 喷雾塔钢结构安装图

^ 雾化喷雾器

^ 喷雾塔实景图

回转窑焚烧炉

污泥回转窑焚烧炉4套，每套回转窑直径3.8m，窑长21m，窑头设计煤热风炉作为外补能源，炉温在900℃以上。

^ 回转窑焚烧炉现场安装

^ 煤热风炉

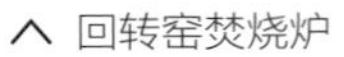

^ 回转窑焚烧炉

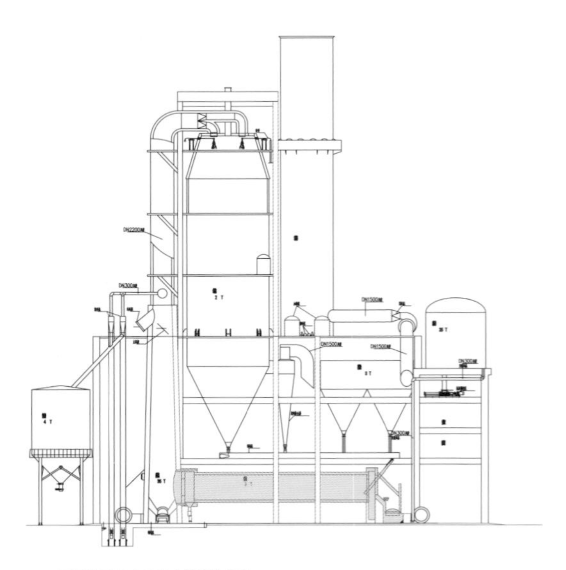

^ 回转窑焚烧炉设计图

二燃室高温烟气供应

二燃室对应回转窑炉4套，每套下端直径4m，上端直径3m，高32m。
从回转窑来的烟气进入二燃室，室内温度850℃以上，烟气停留时间2s以上。

^ 二燃室高温烟气入干化塔接口

^ 二燃室安装图

^ 储渣罐

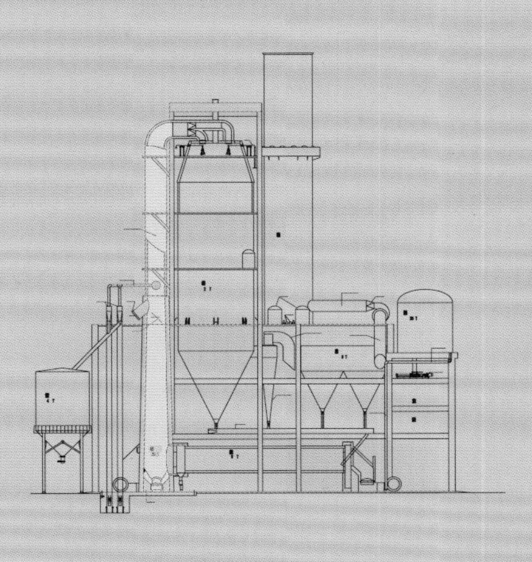

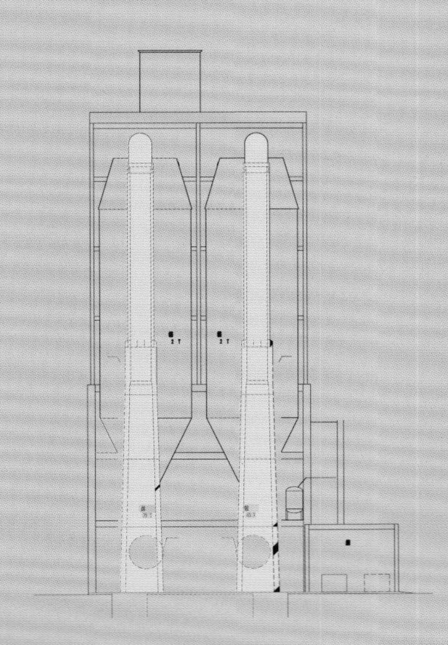

^ 二燃室烟气与污泥喷枪入口＋设计图

烟气净化系统

前期采用旋风分离器 + 布袋除尘器 + 喷淋塔组合工艺，将旋风分离与布袋分离出干化污泥与灰尘，喷淋洗涤后脱酸外排；后期补充臭氧氧化除臭深度除污与脱白除雾系统，实现“无烟羽”近超净排放。

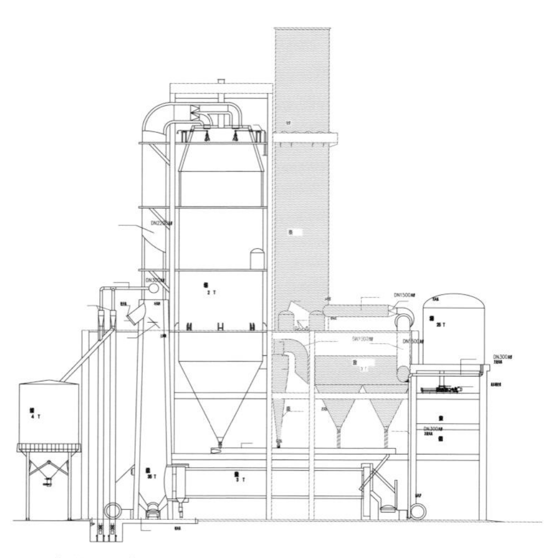

净化设计图

分离装置安装图

喷淋洗涤塔

分离装置现场图片

脱白前后对比

^ 脱白前

^ 脱白后

第三章
多种形式的后混式污泥干化焚烧技术

Various Post-mixing Sludge Drying and Incineration Technology

引言

随着城市污水量的不断增加以及污水处理厂提标改造的持续推进，污水处理过程中产生的污泥量急剧增长，对此国家将迅速提高对城市污泥无害化工程的配套标准，污泥处理处置建设和运营市场将保持高位发展态势。目前我国城镇每天产生的80％含水率的湿污泥超过了6000万吨，无害化处置率却低于30％。《“十四五”城镇污水处理及资源化利用发展规划》中明确提出，到2025年城市污泥无害化处置率达到90％以上，到2035年全面实现污泥无害化处置。污泥干化＋焚烧是解决我国城市污泥问题的主要工艺之一，可以最大化做到污泥的“减量化”“稳定化”“资源化”“无害化”，避免卫生填埋“无地可填”的尴尬处境，同时焚烧后的污泥残渣状态稳定，可做建材的资源化再利用。北京京城环保股份有限公司（下简称“京城环保”）作为国家环境保护污泥处置与资源化利用工程技术中心依托单位，充分发挥自身研发优势，致力于污泥干化＋焚烧项目的工艺研发和工程应用。京城环保拥有污泥干化设备、焚烧设备、烟气处理工艺方面的专利40余个，致力于成为“干化焚烧”专家，为城市污水污泥处理提供成套解决方案。京城环保自实施竹园污泥干化焚烧项目之后，又在上海、舟山、西安等地成功实施了“石洞口完善污泥干化焚烧”“石洞口二期干化焚烧”“青浦污泥干化焚烧”“舟山污泥干化焚烧”“西安干化焚烧”等项目。同时，京城环保也研究探索了“污泥干化＋协同焚烧”的工艺路线，并在佛山、开封等地完成了工程实践。

赵传军
北京京城环保股份有限公司
党委书记董事长

上海石洞口污水处理厂污泥处理完善（新建）工程及二期项目

石洞口污水处理厂污泥处理完善（新建）项目

石洞口完善项目2018年正式投产，其中烟气、噪声、臭气、废水等各项排放指标均达标排放。该项目获得2021年上海市土木工程学会工程奖。应用于该项目的“城镇污水处理厂污泥间接干化-鼓泡流化床焚烧技术”入选生态环境部《2020年国家先进污染防治技术目录》。

石洞口污水处理厂污泥处理二期项目

石洞口污水处理厂污泥处理二期项目，工程建设规模为640t/d（按含水率80%计），是国内首个接收半干污泥的污泥焚烧工程，也是2018年上海水务重大工程。项目已于2020年通过环保验收并投入运营，各项排放指标均达到上海地方标准。

工艺流程

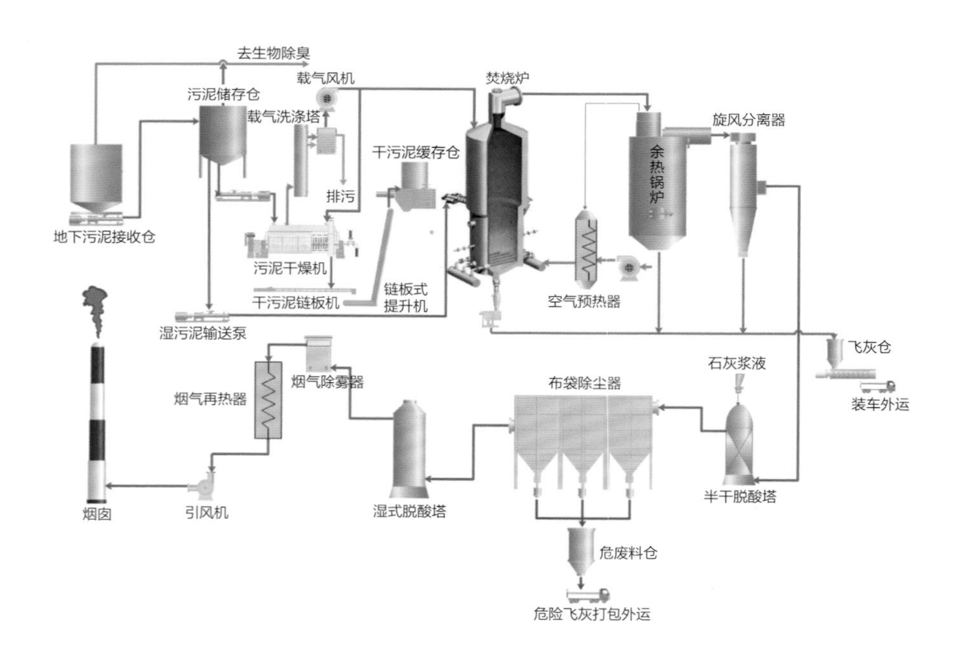

^ 石洞口污水处理厂污泥处理完善（新建）项目流程图

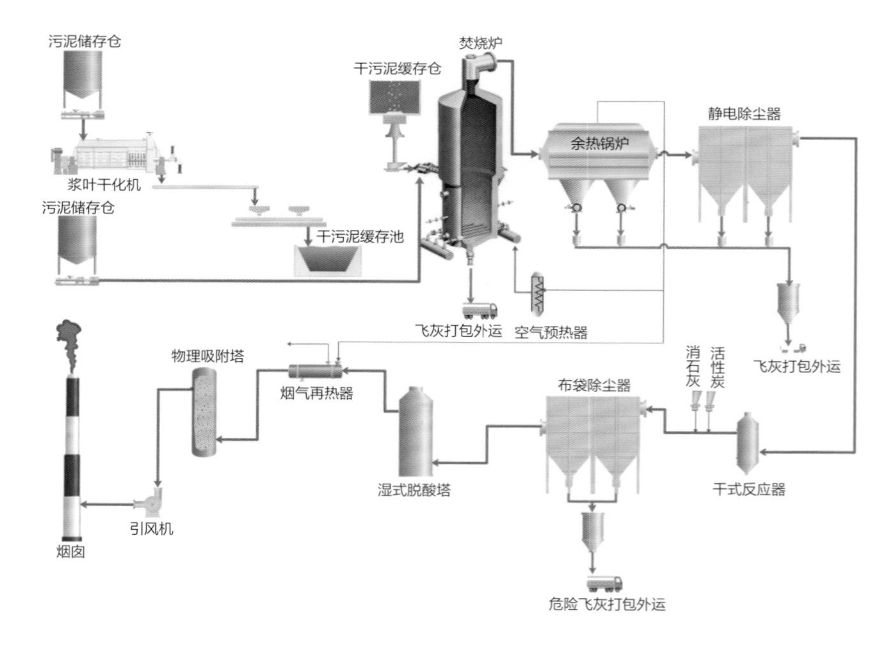

^ 石洞口污水处理厂污泥处理二期项目流程图

污泥浓缩脱水泵送系统

包括上游污泥预浓缩与后浓缩系统、离心脱水系统及配套控制系统。污泥含水率由98.5%~99.5%逐步降至80%。

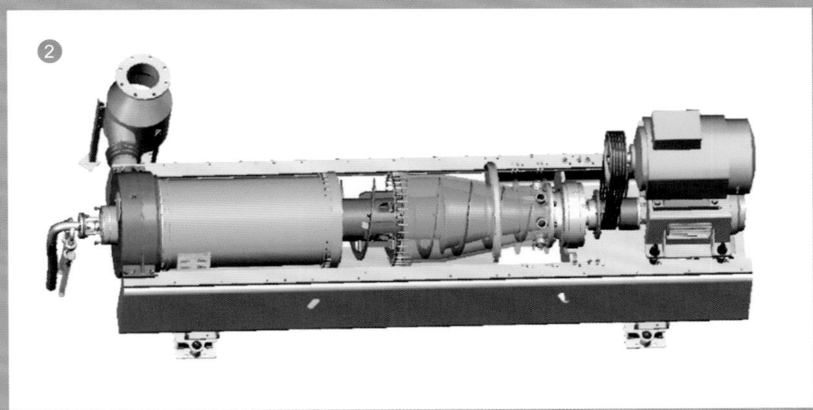

① 离心脱水机现场图 ② 离心脱水机模型 ③ 污泥储存及泵送系统

石洞口二期上料后直接焚烧

经过浓缩干化后的污泥含水率降至40%以下，由上料抓斗运至鼓泡流化床焚烧炉直接焚烧。

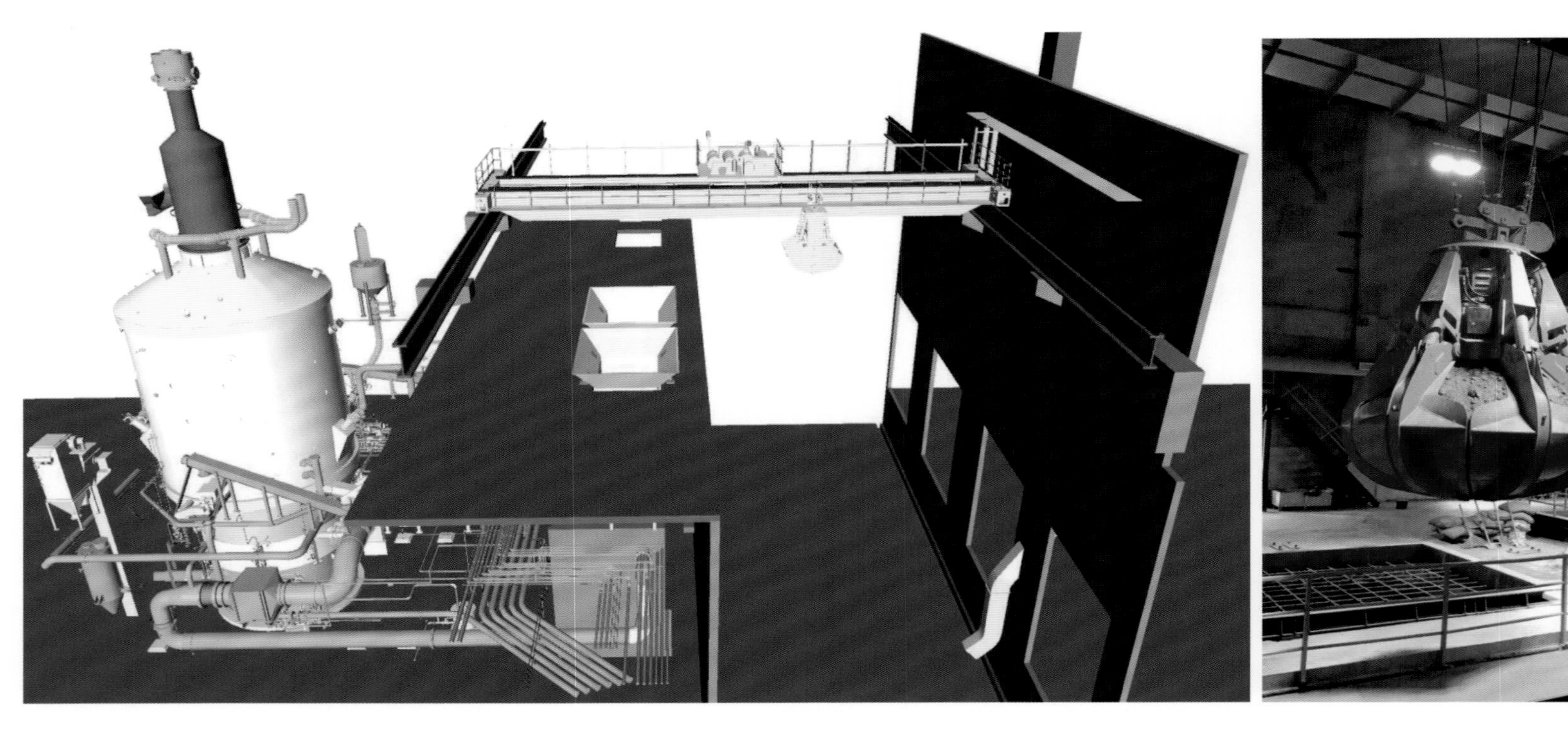

^ 污泥上料及焚烧炉三维图

^ 行车抓斗

污泥料仓

^ 完善项目湿污泥料仓

^ 二期湿污泥料仓

污泥干化焚烧系统

包括污泥干化系统、焚烧炉及其配套辅机及配套控制系统。
干化所需蒸汽来自余热锅炉。

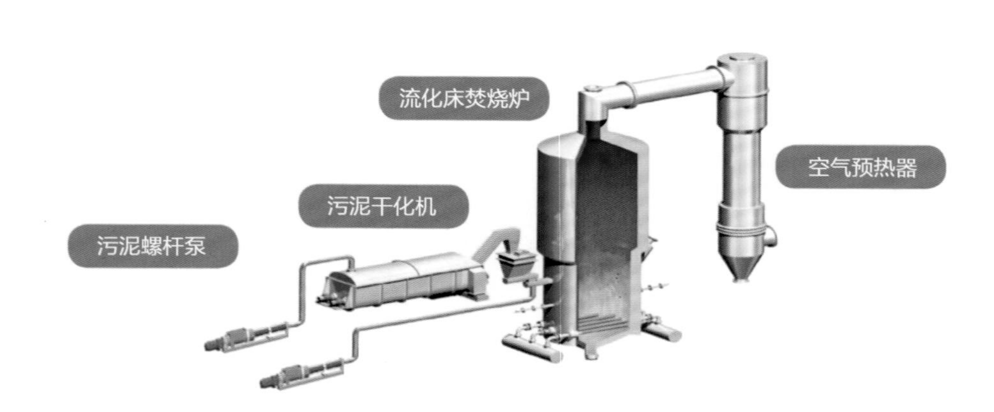

^ 桨叶干化机＋鼓泡流化床焚烧炉流程图

^ 桨叶干化机

安装中的鼓泡流化床焚烧炉

石洞口污水处理厂
污泥处理完善（新建）项目干化焚烧车间

5 t

上海青浦区污泥干化焚烧项目

该项目是上海市“十三五”期间环保重点项目、青浦区重大环境基础项目、长三角一体化示范区标杆环境基础项目。一期生产线配置按400t/d（按含水率80%计）。工程接收和处理来自青浦区10座污水处理厂含水率80%的脱水污泥，采用“间接干化+鼓泡流化床焚烧”污泥处理工艺。京城环保负责该项目的系统集成设计、供货、安装、调试工作，项目已于2021年9月顺利通过完工验收投入运行。

干化与焚烧工艺设计布局

干燥机布置在焚烧炉顶部12.5m平台上，出料口紧靠焚烧炉进泥口，便于进泥，并有效减少臭气外溢，避免了长距离输送过程中设备故障及堵料的风险。

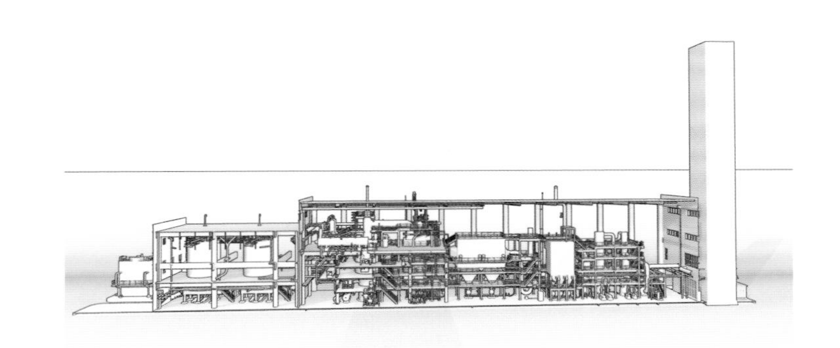

^ 干化焚烧总体布置

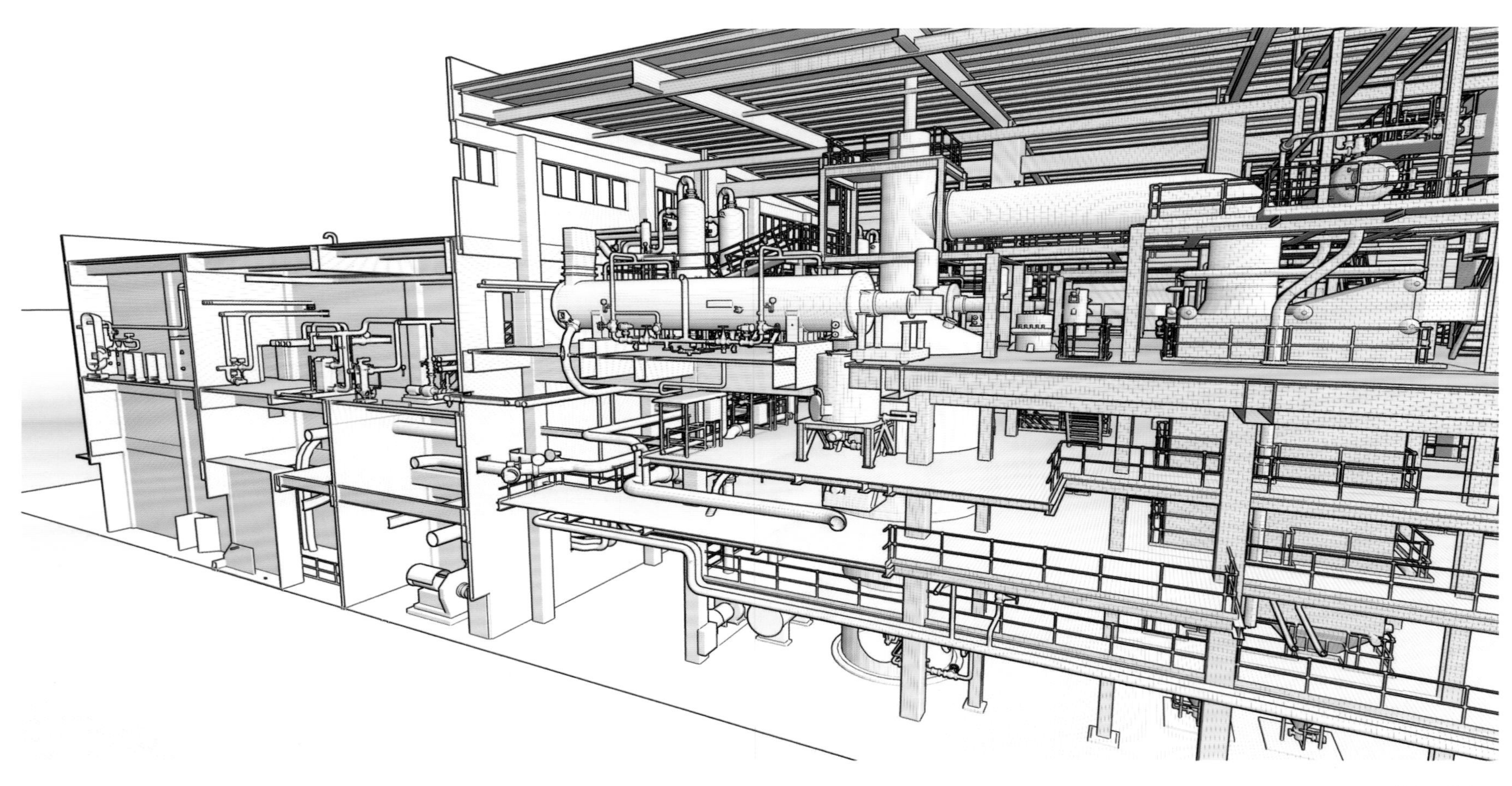

^ 干化焚烧三维布置

鼓泡流化床焚烧技术

布风管的布置保证流化空气的均匀分布，以达到适当流化状态，特殊的管式结构、向下出风口、合适的设计速度，可避免在焚烧炉运行或启停过程中砂料进入布风装置、堵塞布风管道。

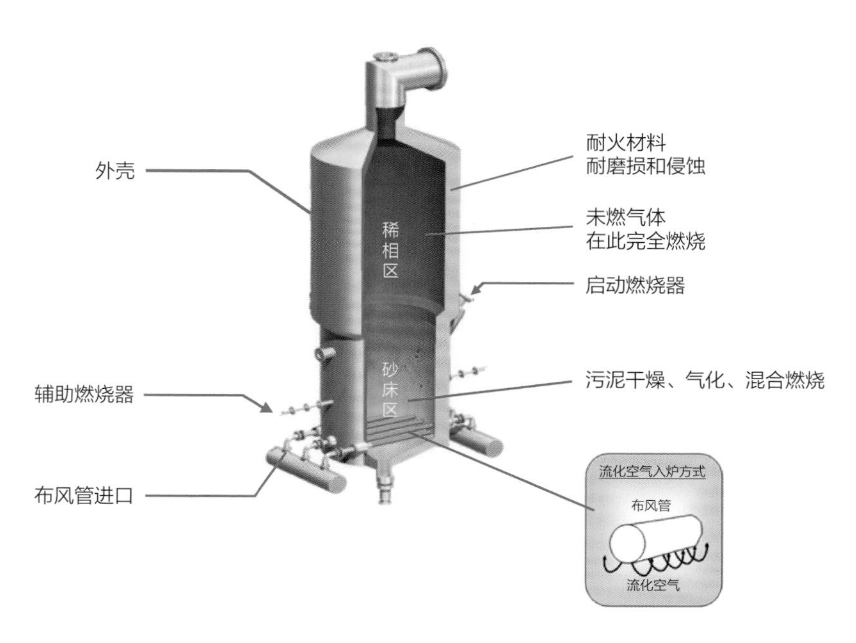

∧ 鼓泡流化床模型图

∧ 鼓泡流化床施工现场

青浦污泥项目尾气处理系统

尾气经余热锅炉换热后进入静电除尘器截留大部分灰渣，再依次进入干法脱酸、布袋除尘器及湿法脱酸工艺。烟气经过气气换热消白达标排放。

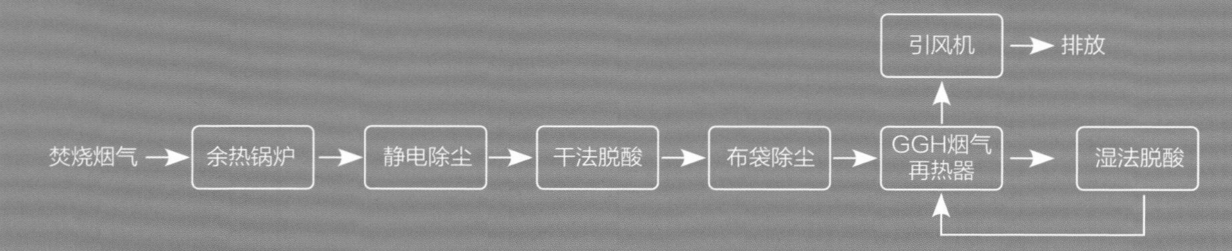

^ 尾气处理系统流程图

^ 青浦污泥项目尾气处理系统实景

尾气处理 – 小苏打干法脱酸设备

青浦项目尾气处理中以小苏打代替传统消石灰 $Ca(OH)_2$ 干粉为脱酸剂，从源头上减少含盐废水的产生、提高干法脱酸效率。

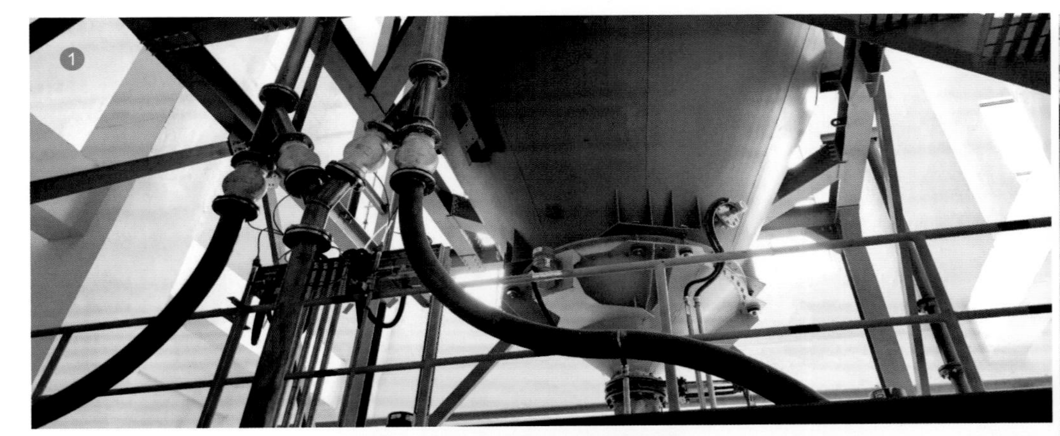

① 小苏打储存　② 小苏打研磨　③ 小苏打干法脱酸塔

海岛上的污泥焚烧项目

舟山污泥干化焚烧项目

项目位于舟山市定海区海洋产业集聚区，新港园区二期，用地面积约57319m^2。设计规模400t/d（按含水率80%计）干化焚烧线。该项目是浙江省扩大有效投资重大项目之一，对舟山市建设“海上花园城市”具有重大积极意义。项目主要建设内容包括污泥接收及储运系统、脱水系统、干化系统、焚烧系统、余热利用系统、烟气处理系统、飞灰处理系统和除臭系统。项目地处于海边，对强风、湿度大、腐蚀性高的环境问题，均采取了针对性的技术措施。

舟山污泥干化焚烧项目全景图

进料及储存系统

湿污泥接收及储存系统全部采用混凝土一体式浇筑式。接收仓为半地下式。储存仓为地上式。污泥含水率为60%~70%时，会出现架拱、搭桥、粘连等现象。在污泥料仓底部设置破拱滑架系统保证污泥的正常输送。

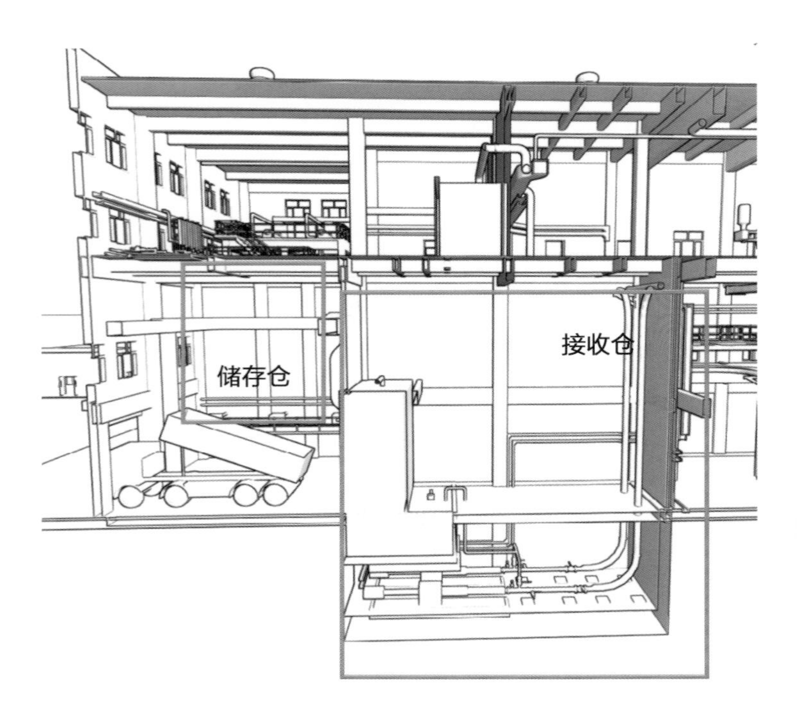

^ 污泥接收系统三维图

^ 污泥储仓及滑架系统

施维英污泥柱塞泵成套系统

适用于含水率为50%~90%污泥的输送，输送距离最长可达2km。含水率为50%~90%的污泥依次进入车间的入料接收、储存、剪切破拱、卸料、喂料入泵、污泥泵封闭输送、辅助污泥进入下道工序。污泥料仓成套系统主要用于含水率为10%~90%的全干及半干污泥的接收与存储。专业的破拱滑架结构设计确保脱水泥饼在任何下落或卸料过程中不产生“架桥”的现象和堆积死角。

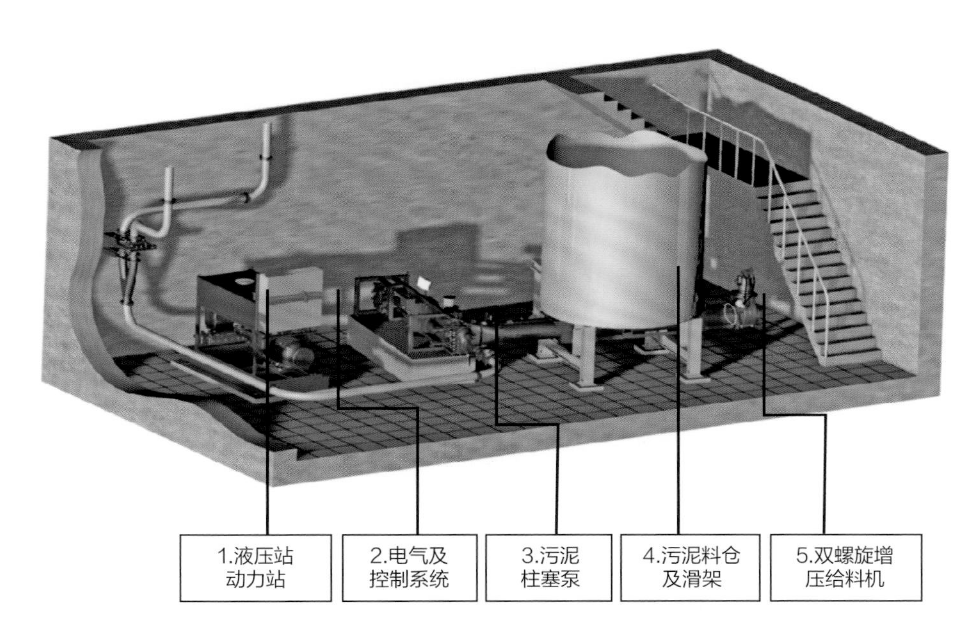

^ 施维英污泥柱塞泵成套系统图

^ 提升阀式柱塞泵

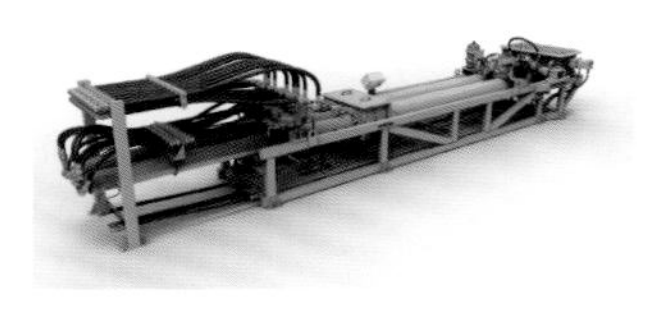

^ 裙阀式柱塞泵

^ 圆形存储料仓

^ 矩形存储料仓

干化与焚烧系统

采用污泥薄层干燥机蒸发效率高，无臭气外溢。采用鼓泡流化床，包括干污泥进料系统，湿污泥进料系统。余热利用系统包括余热锅炉、锅炉给水系统、锅炉加药系统等。

① 薄层干燥机实景

② 焚烧及余热利用系统实景

烟气处理与除臭系统

烟气处理工艺流程：SNCR 炉内脱硝 + 静电除尘器 + 消石灰活性炭吸附 + 布袋除尘器 + 湿式脱酸 + 烟气再热 + 烟囱排放。

除臭系统工艺流程：水洗 + 生物 + 活性炭吸附。

① 烟气处理实景
② 除臭系统

开封市污泥和餐厨废弃物综合利用项目俯瞰

河南省第一个市政污泥干化焚烧项目

开封市污泥和餐厨废弃物综合利用项目污泥干化焚烧段

该项目位于开封市精细化工产业集聚区以东，现状工业污水处理厂南侧，厂区用地面积112.2亩。建设规模为：一期建设规模，污泥600t/d（按含水率80%计）、餐厨废弃物100t/d；二期建设规模，餐厨废弃物100t/d、厨余垃圾200t/d、粪便15t/d。京城环保承建项目污泥处理段工程，采用“深度脱水＋干化焚烧”工艺，是河南省第一个市政污泥干化焚烧项目，该项目将污泥和餐厨废弃物处理设施从整体上统一设计布局，形成两种有机固体废弃物的联合协同处理处置，是中国境内首例。

污泥干化与焚烧工艺路线

经过深度脱水和低温干化，污泥含水率从80%逐次降至70%和15%~35%，随后与餐厨固渣一起进入焚烧系统。焚烧产生余热用于湿污泥干化。项目于2022年1月开工建设，2022年8月20日完工。

∧ 污泥干化焚烧车间实景

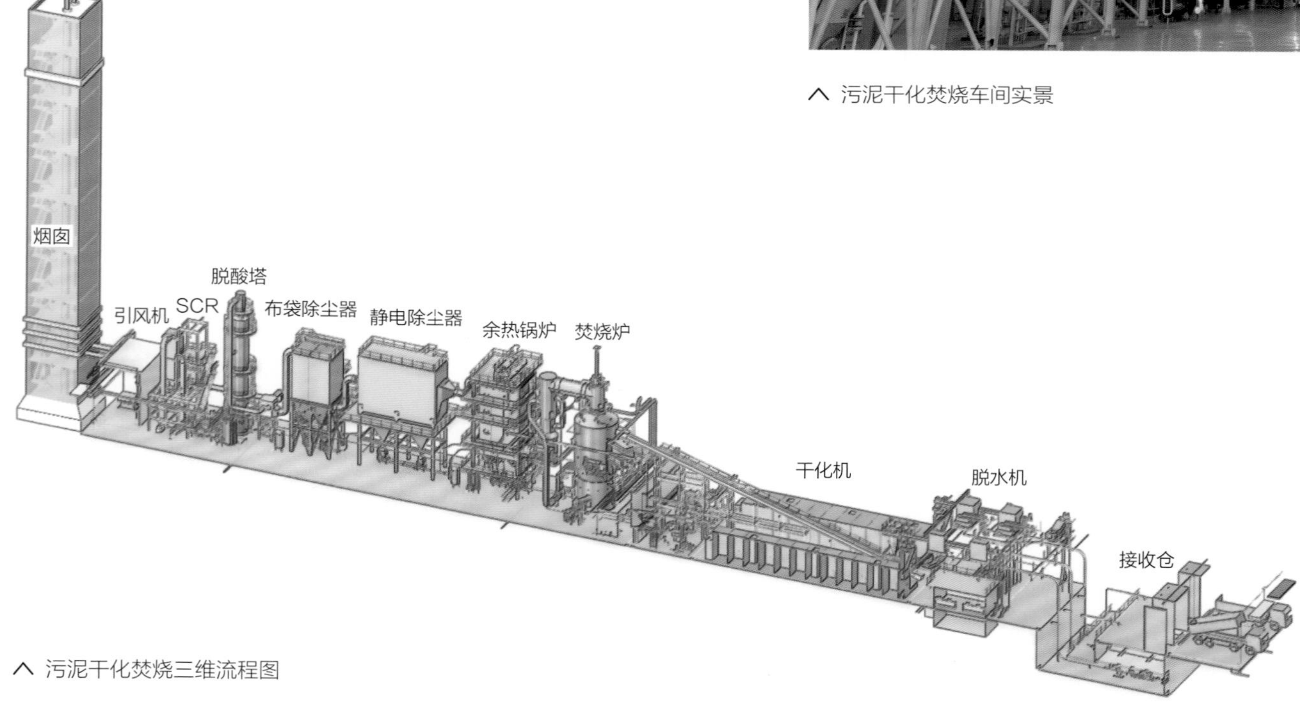

∧ 污泥干化焚烧三维流程图

污泥深脱系统及干化系统

含水率80%的污泥经药剂调理，利用带式深度污泥脱水机，含水率降至70%左右，再进入低温干化系统进行干化。回收利用厌氧消化的余热（燃气制热水）对污泥进行低温干化。最终污泥颗粒含水率15%~35%。

① 深度脱水系统实景

② 低温干化系统实景

焚烧及余热利用系统

焚烧采用流化床焚烧炉，包含燃烧系统、给料系统、送风系统、烟气系统、焚烧炉砂循环系统、焚烧炉点火及辅助燃烧系统、焚烧炉床料、余热利用与汽水系统及辅助锅炉房。

∧ 流化床焚烧炉实景

烟气处理系统

采用“SNCR 炉内脱硝 + 干法脱酸 + 静电除尘 + 活性炭喷射 + 布袋除尘 + 湿法脱酸 + 烟气再热 + SCR 脱硝”的处理工艺。

∧ 烟气处理系统实景

第四章

鼓泡床污泥焚烧技术

Bubble Fluidized Bed Sludge Incineration Technology

引言

干化焚烧技术是污泥减量化、稳定化、无害化、资源化最为彻底的污泥处置技术之一，特别是在人口密集、土地资源紧张区域，污泥干化焚烧正在成为应用最为广泛的污泥处置技术路线之一。同方环境股份有限公司是清华大学孵化的一家高科技环保企业。业务范围涉及水、气、固领域的环境综合治理。在污泥处置细分领域，公司致力于污泥干化、焚烧处置技术的国际合作、消化吸收、自主开发等。在引进日本三菱重工环境化学株式会社污泥焚烧技术的基础上，开发了适合我国国情和不同行业特点的污泥处理处置新技术、新工艺和新设备，系统安全性高，能耗低，对污泥含水率、热负荷、机械负荷变化的适应性强、维护和检修工作量少。公司有专业能力可以为社会提供工程咨询与设计、工程总承包、调试及代运营等全方位的优质服务。在完成了成都市第一城市污水污泥处理厂污泥干化焚烧项目一期和二期的基础上，同方环境股份有限公司又分别实施了南京市污泥处置中心、盐城市市区污泥集中处置污泥干化焚烧项目、焦作隆丰皮草企业有限公司固体废物资源利用项目，均采用“桨叶干化+鼓泡床焚烧”的技术路线。

南京市污泥处置中心鸟瞰图

东南形胜，金陵自古繁华
绿水青山，污泥治理护驾

南京市污泥处置中心污泥干化焚烧项目

2018年，南京市城市建设投资控股（集团）有限责任公司在南京市江北环保产业园投资建设江北灰渣填埋场一期建设工程（含南京市污泥处置中心）项目，占地面积32.34亩。主要处置江心洲污水处理厂等六家污水处理厂产生的污泥。污泥含水率80%（范围77%~84%），2022年3月项目建成投产，项目处理规模为2x200t/d（按含水率80%计）。

干化焚烧工艺流程

技术路线：桨叶干化 + 鼓泡流化床焚烧 + 余热回收 + SNCR 炉内脱硝 + 静电除尘 + 活性炭喷射 + 消石灰粉喷射 + 布袋除尘 + 烟 - 烟换热（消白）+ 湿法脱酸。

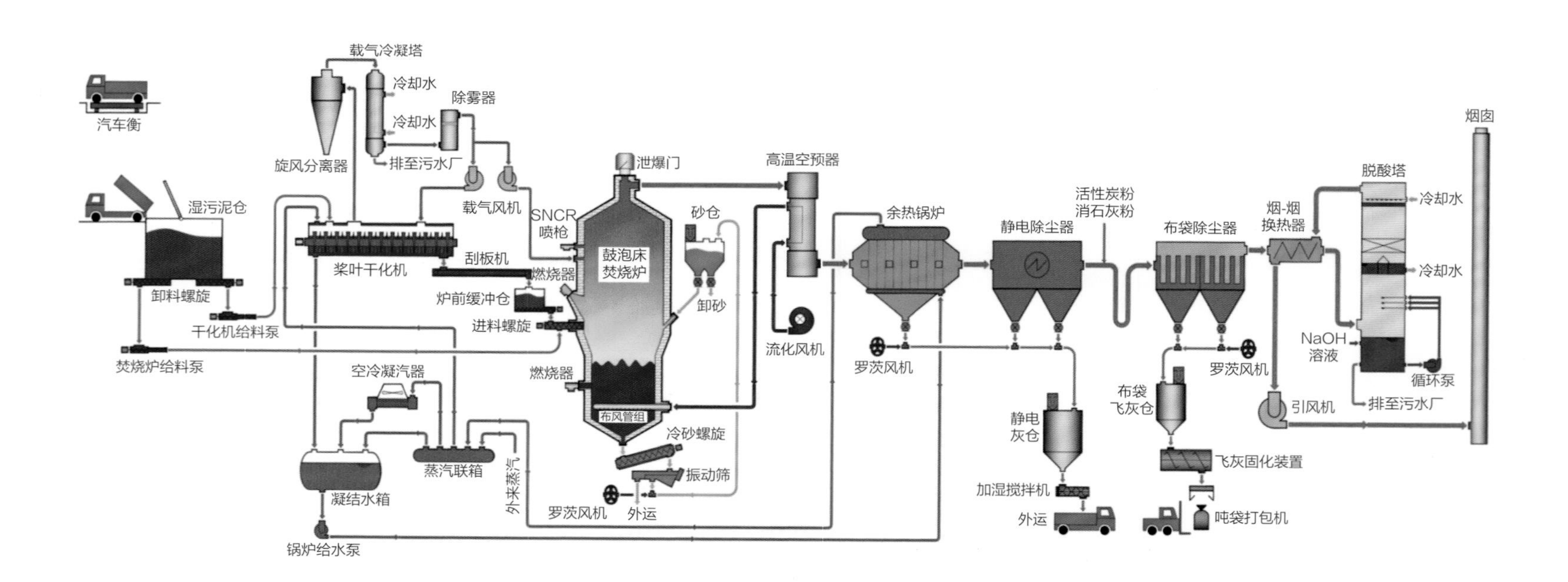

∧ 南京市污泥处置中心工艺流程图

污泥接收储存输送单元

污泥运输车经汽车衡称重计量，卸载污泥至地下式污泥接收仓中。通过螺杆泵将污泥分别输送至污泥干燥机和污泥焚烧炉。

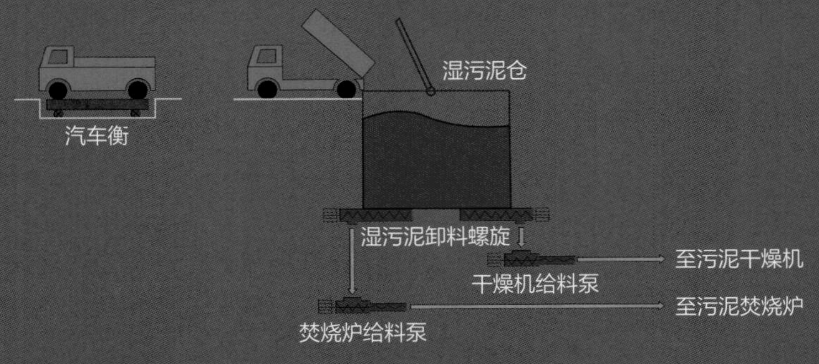

∧ 污泥接收储存输送系统流程图

∧ 污泥卸料接收仓

污泥干燥单元——桨叶干化机

同方－三菱智能污泥桨叶干化机能很好地适应添加高分子絮凝剂多，黏性高、含砂量大的污泥特点。

含水率80%的湿污泥经干燥机干燥后含水率降至30%~40%。

桨叶干化机型号：MSD-240（每条焚烧线2台，全厂共4台）。

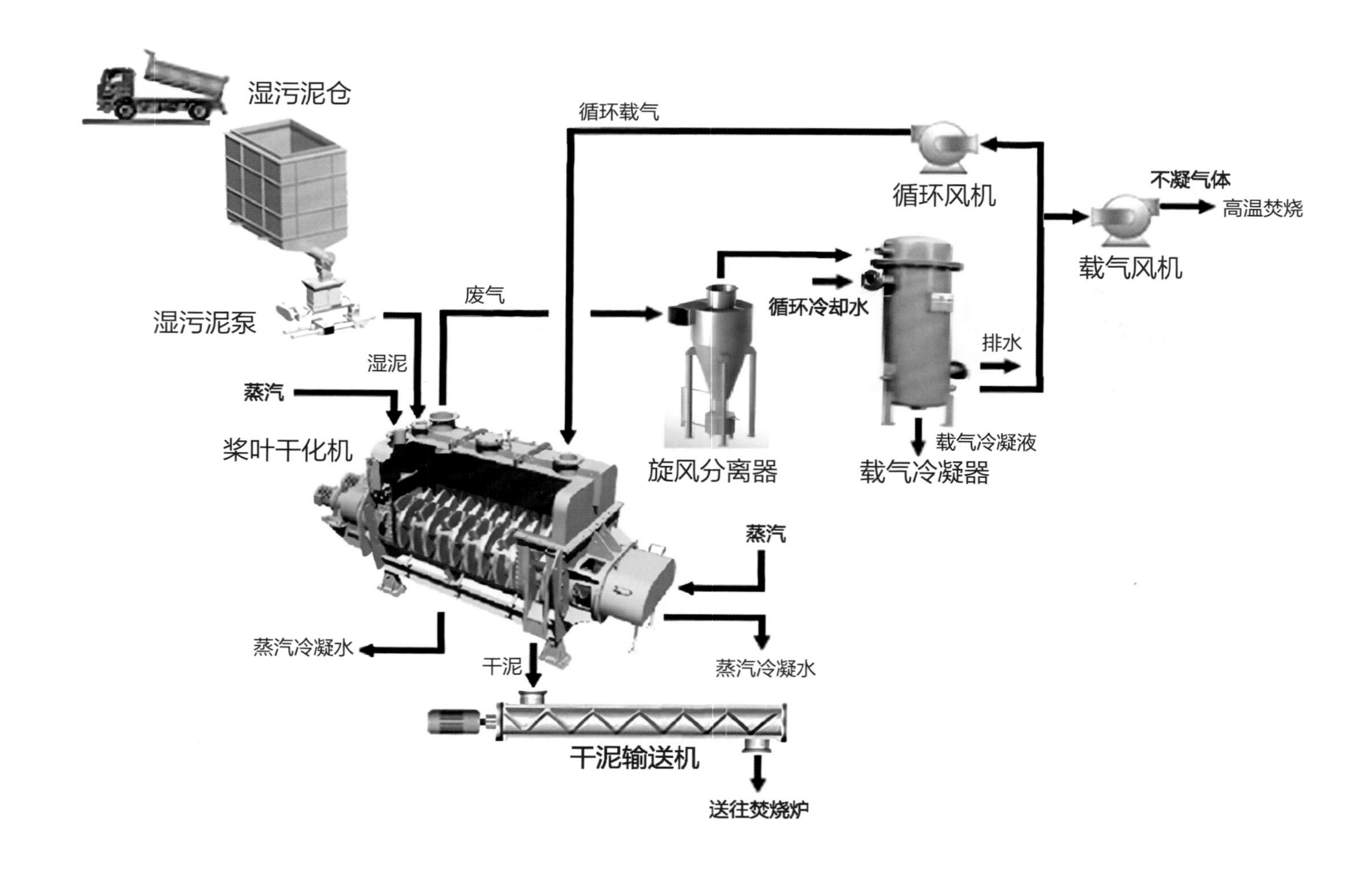

^ 污泥干燥工艺流程图

桨叶干化机技术特点

运行稳定、可靠、灵活：桨叶具有超强的搅拌功能、自净功能，不易发生污泥堵塞；
运行成本低、维护成本低：热传导效率高，运行成本低，干燥废气量少；
安全性高：不过度干燥控制粉尘，保证系统的安全。

∧ 污泥干燥车间全貌

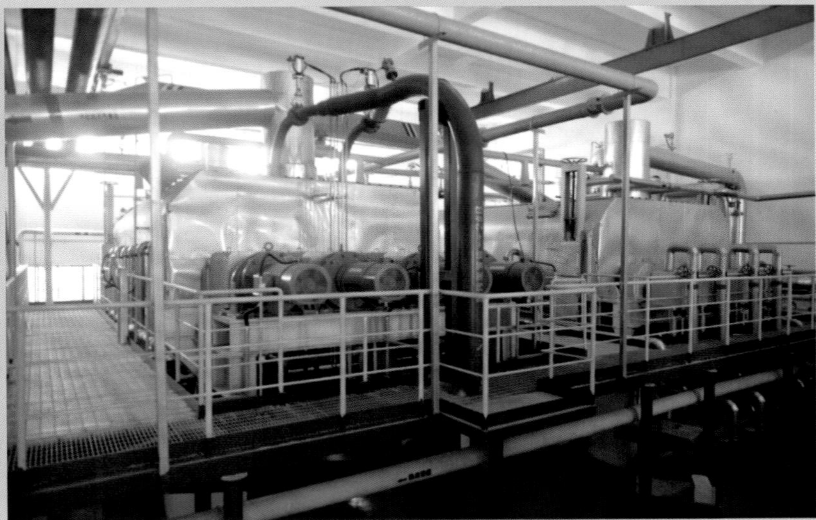

∧ 桨叶干化机侧视

污泥焚烧单元

同方-三菱布风管式污泥专用鼓泡流化床焚烧炉

污泥在炉膛内绝热燃烧，负荷适应范围为70%~120%，炉膛内焚烧烟气温度≥850℃，炉内停留时间≥2s。

鼓泡床焚烧炉工作原理

助燃空气通过布风管使砂床层形成鼓泡流化床。污泥被连续不断地送入炉内，随床料一起运动，完成干燥、着火和焚烧的过程。

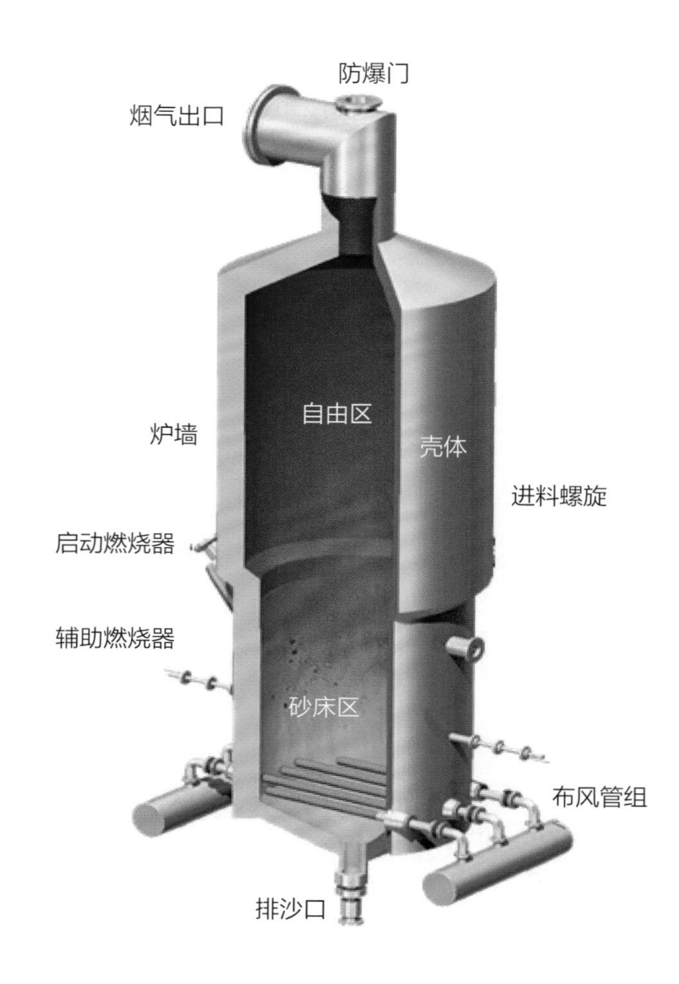

∧ 同方-三菱布风管式污泥专用鼓泡流化床焚烧炉结构示意图

鼓泡床焚烧炉技术特点

运行稳定、易操作、燃料适应性广

砂床区混合均匀，蓄热能力强，污泥适应性广。

燃烧完全，污染物排放浓度低

温度稳定、停留时间充分，焚烧充分，燃烬度高。

维修简单、寿命长

炉内无运动件，耐磨、耐高温、耐腐蚀，使用寿命长。

安全性高

焚烧时精确控制，操作安全可靠，炉本体设防爆装置。

① 焚烧炉顶部
② 焚烧炉中上部
③ 焚烧炉中下部
④ 焚烧炉下部

余热回收单元

污泥焚烧产生的高温烟气经过高温空气预热器余热回收后，再进入余热锅炉继续回收其热量，产生1.0MPa饱和蒸汽作为干燥机的热媒。

^ 高温空气预热器

^ 余热锅炉

烟气处理单元

烟气处理系统包括静电除尘器、活性炭和消石灰粉喷射、布袋除尘器、钠基湿法脱酸塔等组合，再通过烟–烟换热器将烟气升温，消除白烟，使污泥焚烧烟气经净化处理后达标排放。

∧ 烟气处理车间全貌

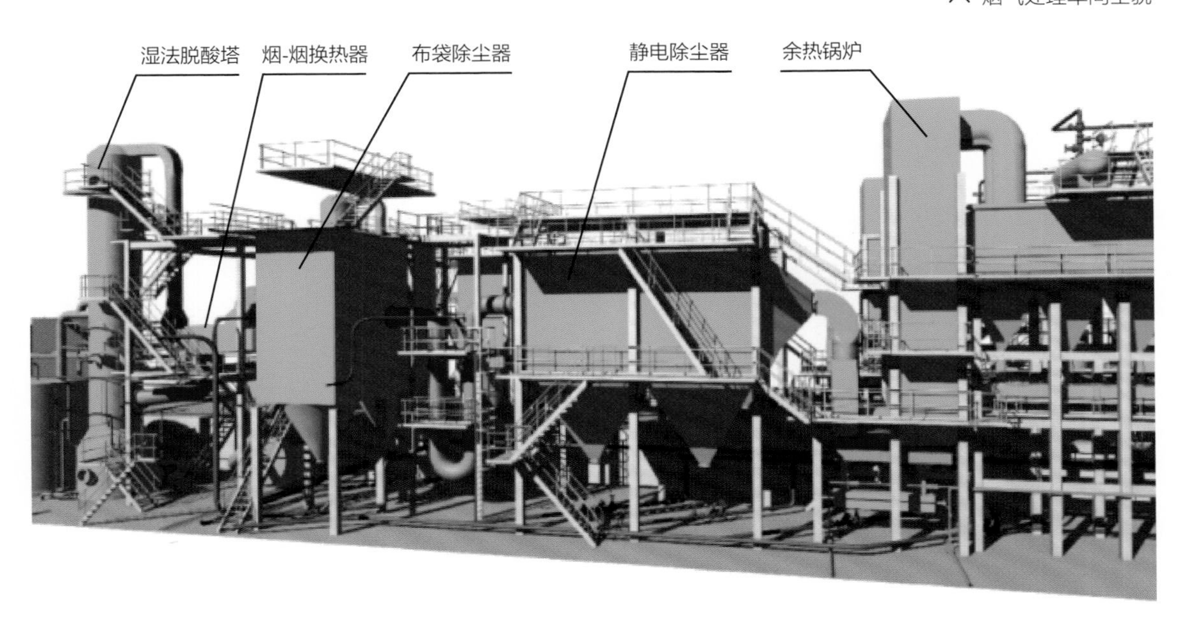

∧ 烟气处理流程

烟气处理单元

^ 静电除尘器

在高压静电场内尘粒带上负电后趋向阳极而沉积

^ 低压长袋脉冲除尘器

高效布袋除尘设备，风量大、清灰效果好、除尘效率高

^ 钠基湿法脱酸塔

钠基湿法脱硫技术，系统简单高效

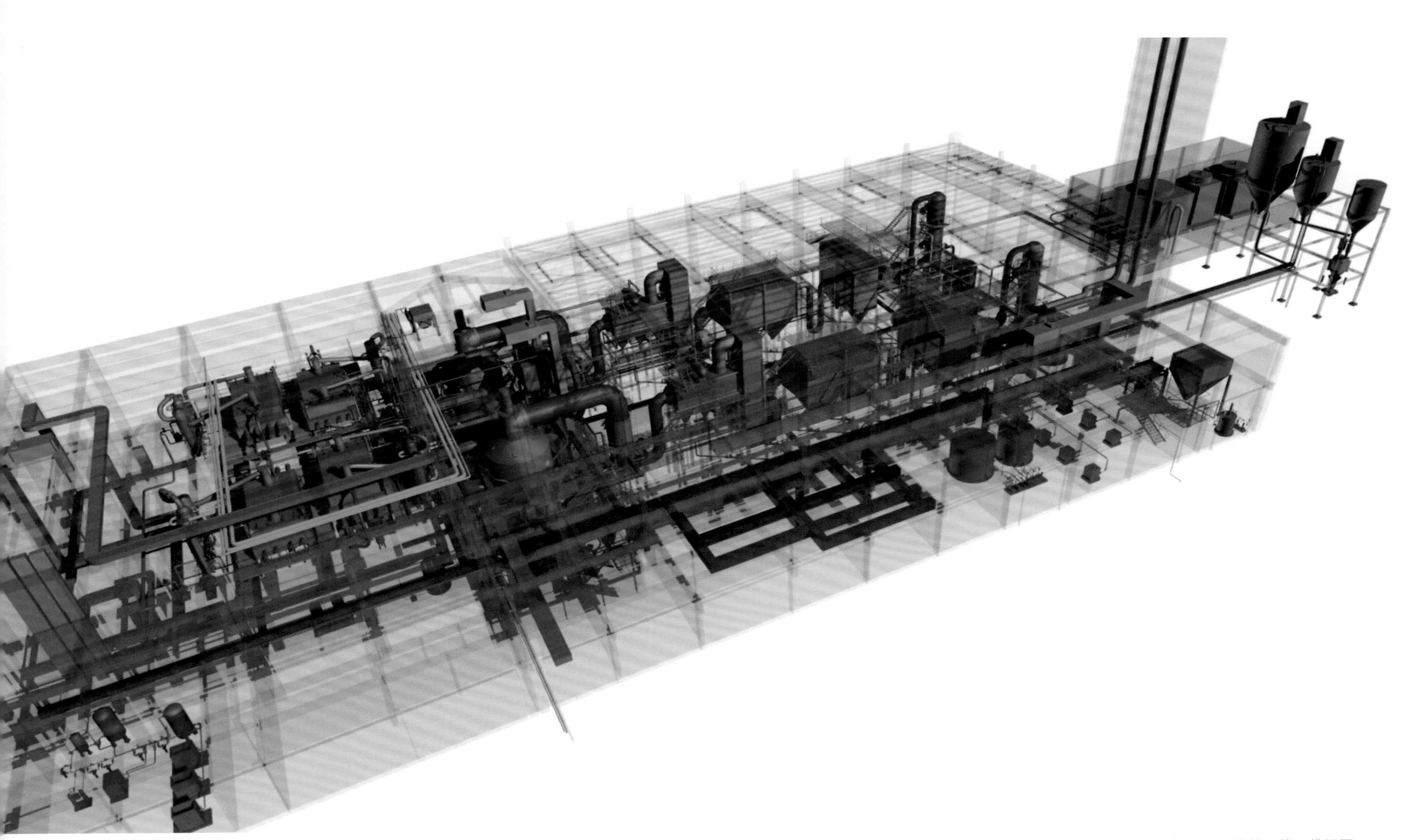

^ 污泥干化焚烧处理线三维视图

盐城市市区污泥集中处置项目施工全景图

东方湿地、鹤鹿故乡

盐城市市区污泥集中处置污泥干化焚烧项目

盐城市市区污泥集中处置污泥干化焚烧项目选址于江苏省盐城市静脉产业园，服务对象为盐城市市区6座污水处理厂等产生的污泥。项目始建于2019年9月，并已于2022年6月投产并投入商业运行。项目总规模为2×200t/d（按含水率80%计，实际接收含水率为60%）。项目分两期建设，主工艺路线是“间接热干化+鼓泡床独立焚烧”。

盐城市市区污泥集中处置车间夜景

工艺流程

技术路线：污泥抓斗 + 脱水污泥缓存仓 + 污泥干化机 + 刮板输送机 + 布风管式污泥专用鼓泡流化床焚烧炉 + 余热锅炉 + 静电除尘器 + 活性炭喷射 + 干法脱硫（消石灰）+ 布袋除尘器 + 湿法脱酸（钠法）+ 消白系统 + 引风机 + 烟囱。

余热锅炉产生的蒸汽优先用于干燥机污泥的干化，多余的蒸汽外送。余热锅炉、静电除尘器下落的灰通过仓泵输送至灰仓，最终做填埋处置，干法反应器和布袋除尘器下落的灰通过仓泵输送至渣仓，最终固化后做填埋处理。

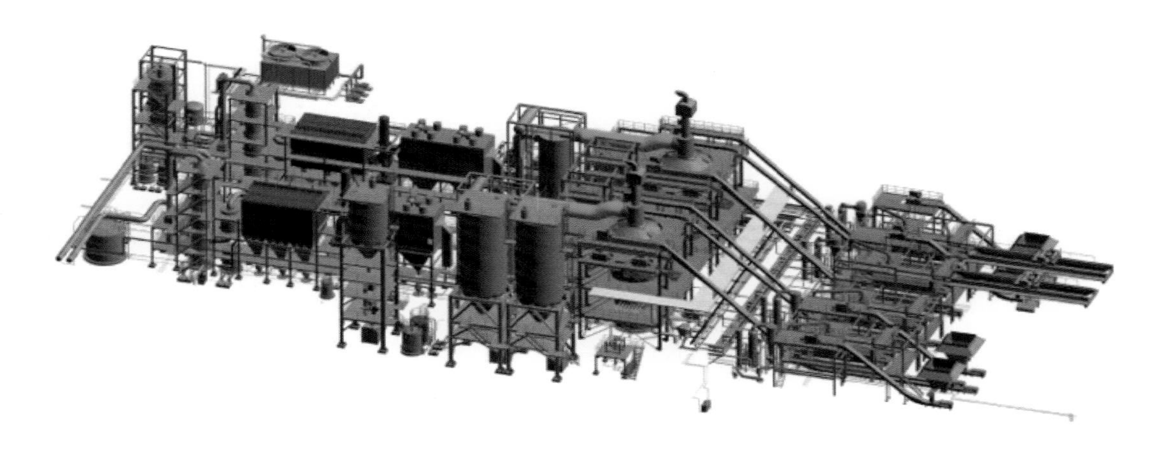

^ 盐城市市区污泥集中处置项目三维图

污泥输送与干化单元

污泥存储和输送设备包括抓斗起重机、缓存仓、大倾角刮板输送机、螺旋输送机等。干化系统设置2台间接加热桨叶干化机，将含水率为60%的脱水污泥干燥至30%左右，之后送入焚烧炉焚烧。

污泥桨叶干化机

焚烧单元

采用同方－三菱布风管式污泥专用鼓泡流化床焚烧炉，维护简单、设备寿命长。

∧ 同方－三菱布风管式污泥专用鼓泡流化床焚烧炉

余热锅炉与烟气处理单元

余热锅炉单元：余热锅炉进出口温度850℃ /220℃。产生的蒸汽作为干化机的热媒。

烟气处理单元：包括静电除尘器、布袋除尘器、钠基湿法脱酸塔等达标排放。

∧ 余热锅炉本体

∧ 静电除尘器

∧ 布袋除尘器

∧ 烟气吸收塔

∧ 烟囱（高度60m）

焦作隆丰皮草有限公司项目鸟瞰图（画面左上为黄河之水）

韩愈故里河南孟州
踔厉奋发治理污泥

焦作隆丰皮草企业有限公司固体废物资源利用项目

隆丰集团是全球最大的羊剪绒及其制品生产标杆企业。隆丰集团实施了全球皮革行业首例自建污泥和固体废物综合处置项目。该项目厂址位于河南省焦作市孟州市西工业区5号焦作隆丰皮草企业有限公司现有厂区内，工程总占地面积为2.04hm^2。处置对象为综合废水处理厂产生的污泥以及皮革加工过程中产生的废料。项目始建于2021年11月，预计2023年年底投产运行。项目总处理物料500t/d，设置1条焚烧处理线，采用“干化+焚烧”处理处置工艺，其中包含污泥432t/d（按含水率80%计）、肉渣类24t/d（按含水率55%计）、酸兰皮类28t/d（按含水率55%计）、毛皮刀渣16t/d（按含水率9%计）。

焚烧物料及项目特点

皮革类干废料破碎至粒径约为30mm，其余物料（以酸兰皮和肉渣为主）通过绞肉机处理至粒径约10mm，含水率80%的污泥部分进入干燥机含水率降至30%~35%。皮革固废主要成分为蛋白质，设置炉内脱硝和脱硫，可有效降低尾气中的 NO_x 和 SO_2 浓度。皮革易燃但不易燃尽，增加稀相段高度，延长烟气的停留时间，使物料充分燃烧。单台焚烧炉处理规模为500t/d，开创了国内“污泥＋皮革固废混合焚烧”的模式，示范意义重大。

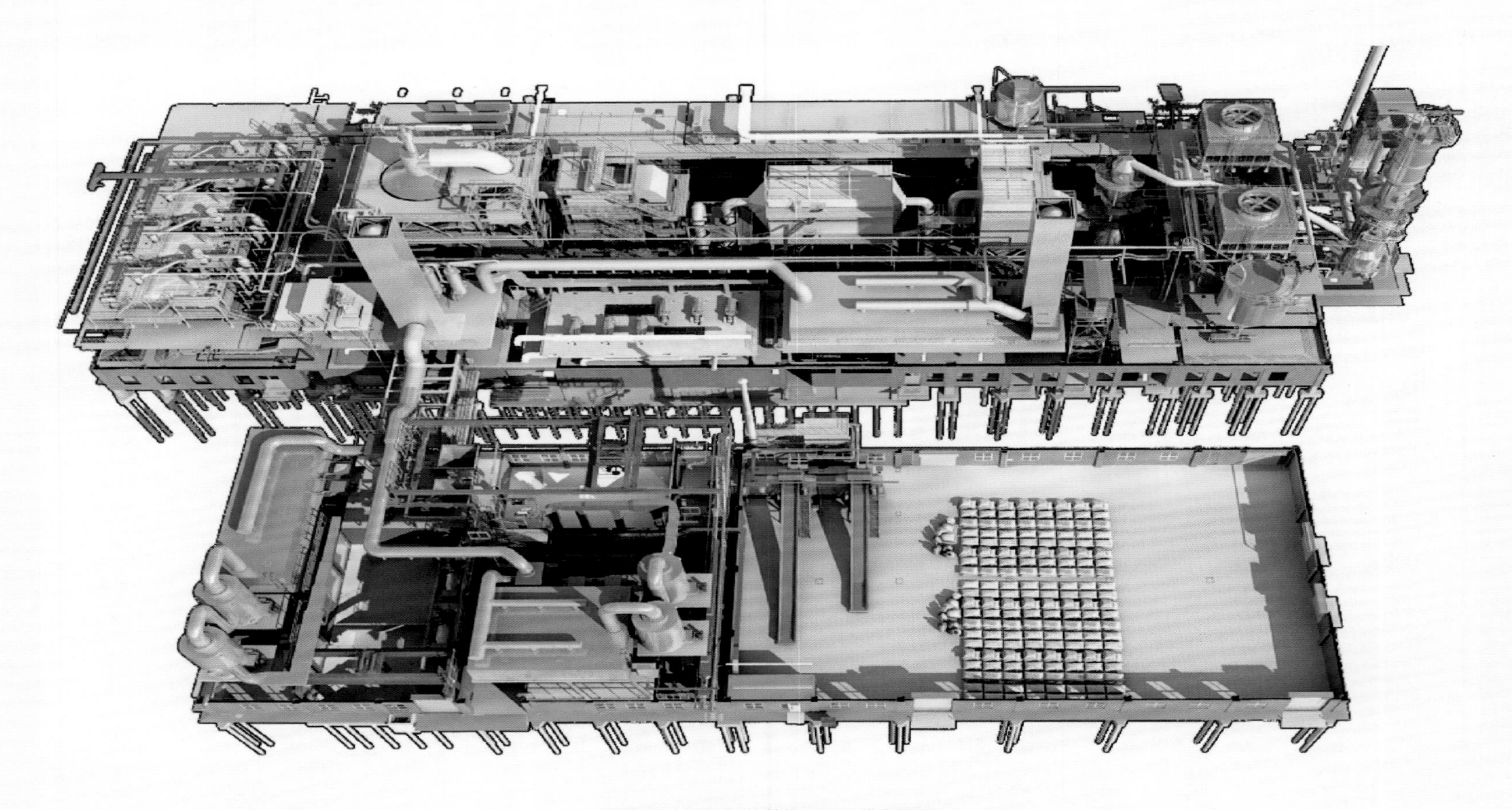

焦作隆丰污泥干化焚烧项目三维布置图

污泥干化单元

同方－三菱智能污泥专用桨叶干化机采用间接加热的形式，使用蒸汽为热媒。该项目共4台干化机：3台MSD240，1台MSD120。

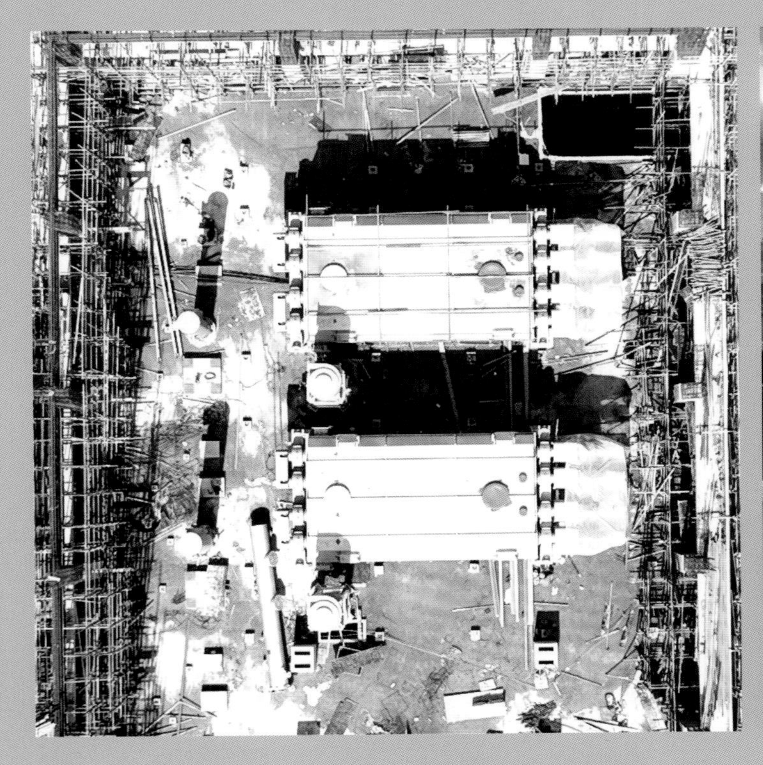

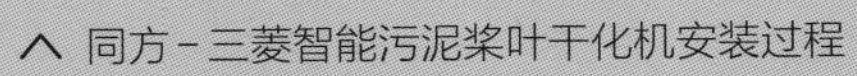

^ 同方－三菱智能污泥桨叶干化机安装过程

^ 同方－三菱智能污泥桨叶干化机工厂调试

污泥焚烧单元

采用同方-三菱污泥专用鼓泡流化床焚烧炉。

污泥处置量：500t/d。

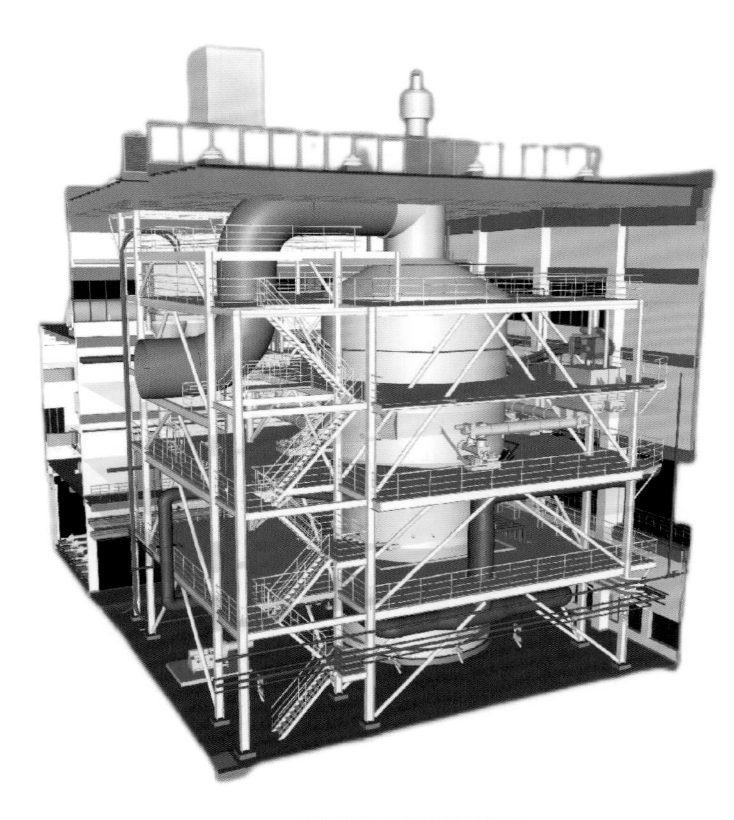

∧ 鼓泡流化床焚烧炉结构图

∧ 鼓泡流化床焚烧炉建造现场

余热锅炉回收单元

余热锅炉进出口温度：850℃/220℃。

焚烧炉出口的高温烟气进入余热锅炉继续回收其热量，产生蒸汽作为污泥干燥机的热媒。

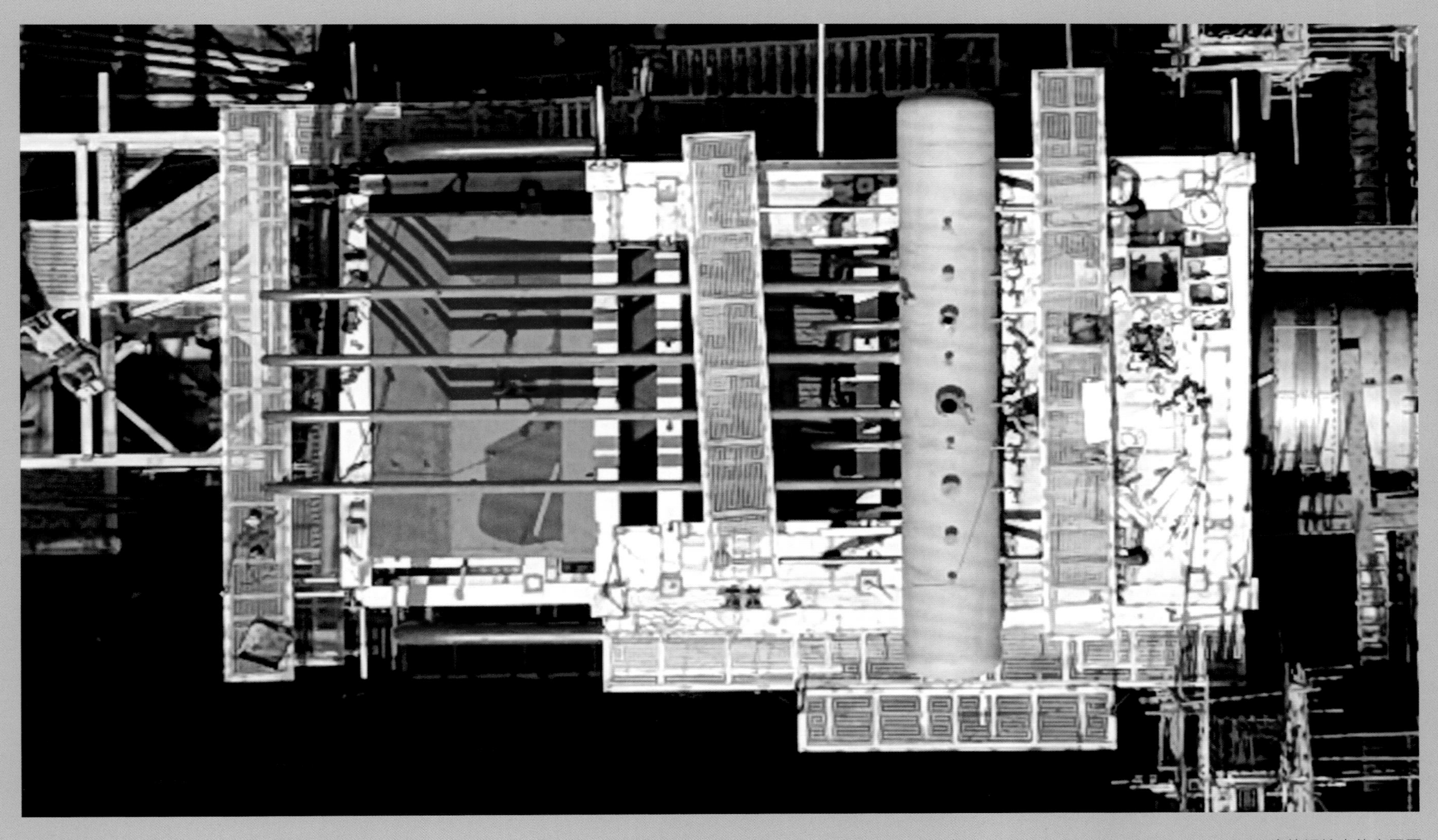

^ 余热锅炉本体实景图

烟气净化处理单元

该项目开创性地将石灰石－石膏湿法脱硫技术应用于污泥焚烧尾气处理项目中，运行经济可靠。烟气处理系统包括活性炭捕捉、静电除尘器＋布袋除尘器等组合净化措施，经干法脱酸装置＋湿法脱酸吸收等高效率地脱除酸性气体、重金属、有机污染物等，烟气经净化处理后达标排放。

^ 烟气吸收塔

^ 低压长袋脉冲除尘器

施工现场

俯视图

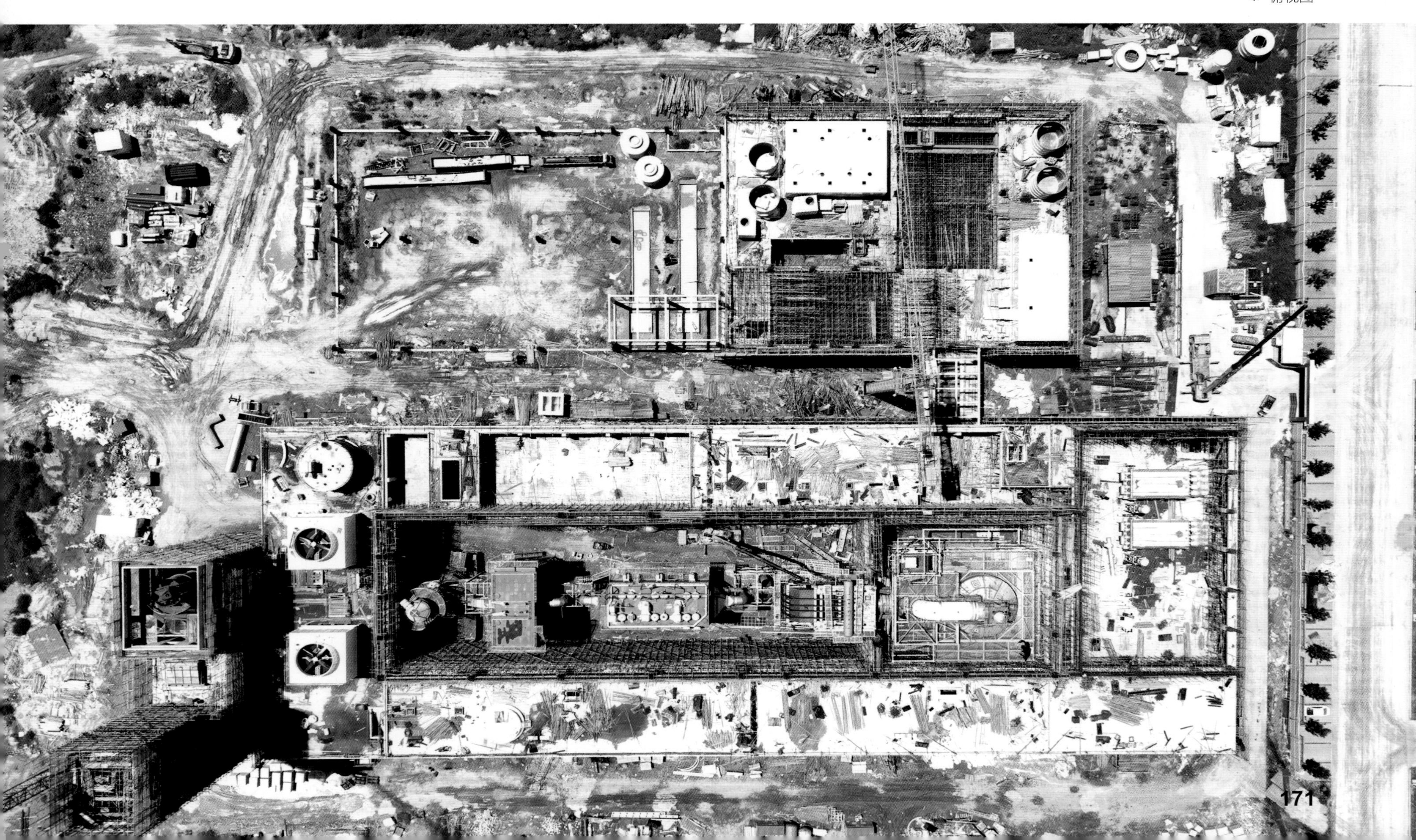

第五章
面向未来的污泥热解技术
The Future Technology of Sludge Pyrolysis

引言

由于环境管控与资源化需求，热解炭化技术逐渐成为污泥与有机固废处理热物理化学未来新的发展方向，被认为是有机固废热物理化学处理的第三代核心技术。热解炭化处理可以达到废物无害化和产品资源利用的双重目标，适用于污泥、餐厨垃圾、生物质、油泥、塑料垃圾等多种有机固体。以碳与氢为主要元素构成的污泥或有机固废，处理衍生的碳化物可作为吸附剂、炭燃料、土地改良剂等炭产品；热解炭化将固态焚烧转为气态燃烧，减少了持久性污染物二噁英排放，减少了氮、硫、尘污染物的排放，减少了烟气的排放量，降低了设备投资与运行费用，具有显著优势。热解炭化未能大规模应用的瓶颈问题与热解炭化技术作为新技术在技术界的认知度有限是一个问题，也反映了不同物料与炉型匹配成熟度问题、产物资源应用不顺畅等问题的存在。打破应用瓶颈，发挥热解在污泥与有机固废处理处置中的作用，是业界不断探索的方向，清华大学很早全面布局有机固废热解处理领域，就是看好热解技术巨大的发展空间。

常风民
清华大学环境学院

热解炭化资源处理技术研究

913 热解技术研发

清华大学王凯军教授团队按照外热与内热两条技术路线，从2008年开始依据不同物料在8个子领域于实验室、小试、中试和生产性实验层面持续开展了研究与应用。在污泥领域，针对市政污泥、工业污泥、油泥等不同种类污泥，开展了以减量化与无害化处理为核心目标的系列化研究与工程化示范，促进了热解技术产业化的工程推广；在生物质领域，针对分散性的农业与林业生物质，提出生物质分布式多联产的技术路线，实现了生物质高品质的资源利用：在生活垃圾领域，针对餐厨垃圾生化剩余物，提出了二段催化热解制合成气及与厌氧发酵耦合产甲烷的技术路线，实现餐厨垃圾剩余物减量化处理与资源化应用；针对固废热解炭化处理的衍生炭产品开展了土壤改良、吸附剂、清洁炭燃料等方面的资源研究与示范应用。

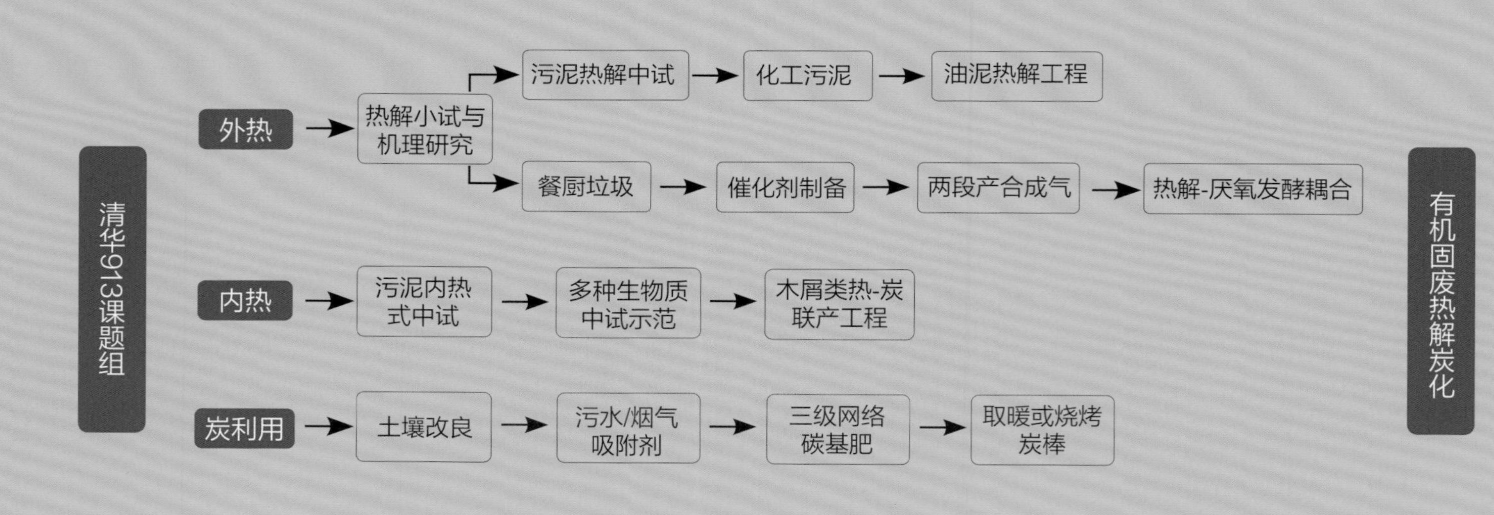

^ 王凯军课题组研究内容路线图

热解实验装置

❶ 外热批式实验设备　❷ 两段催化热解实验设备　❸ 外热连续式实验设备　❹ 内热式热解炭化实验设备

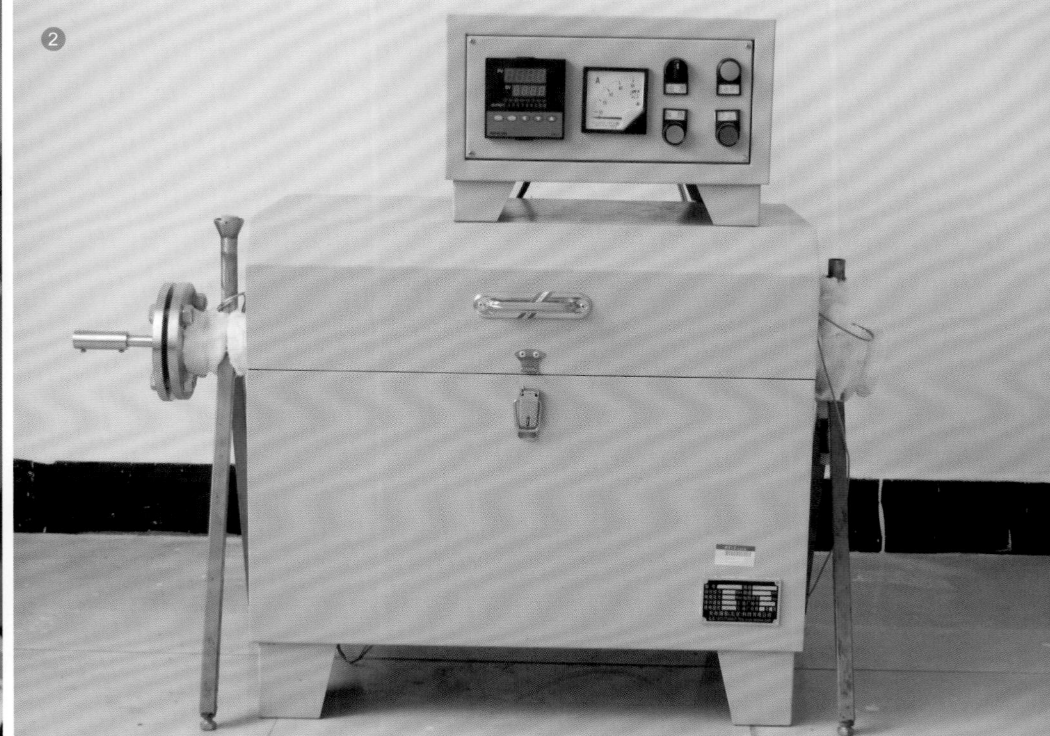

污泥外热式热解炭化中试

2009~2012年，依托江苏省课题在无锡芦村污水处理厂组建了规模为2t/d（按含水率80%计）的污泥热解炭化中试装置，采用外热式螺旋管式炉，形成了可移动的一体化装备，实现热解液和热解气的自用，污泥减量化最佳热解温度450~500℃，污泥热解炭产率45%~50%、热解液产率30%~35%、热解气产率10%~15%，为污泥热解工程示范与推广提供了基础支持。

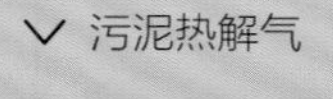

污泥热解气

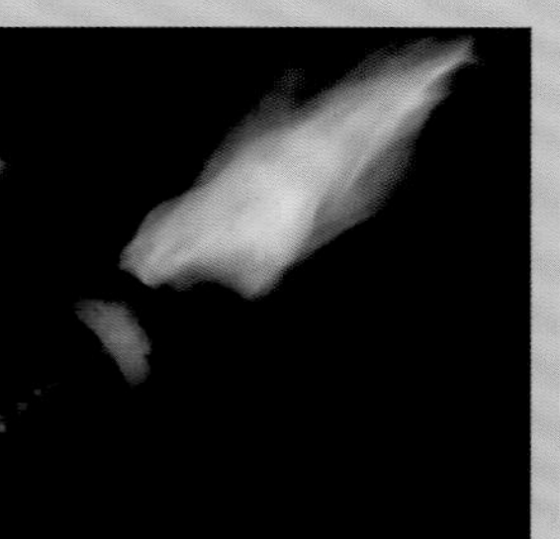

污泥热解炭

污泥热解液

外热式污泥中试设备

污泥内热式热解炭化试验性示范

2013~2016年，在萧山钱江污水厂自主研发开展了污泥喷雾干化＋内热式热解炭化试验性示范，规模为30t/d（按含水率80%计），采用清华大学的内热卧式搅拌型热解炭化炉，实现热解液和热解气原位燃烧，克服了外热式热解焦油管路易堵塞的难题，提高了热效率，污泥炭焦油含量低、操作简单、故障率低，为污泥热解炭化提供了新的技术路线。

喷雾干化塔

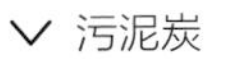

污泥炭

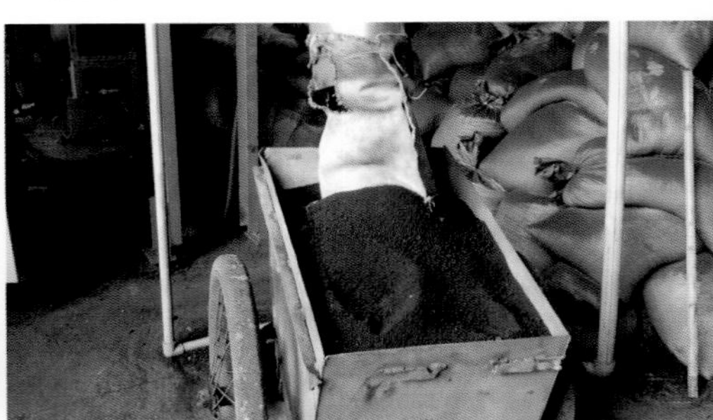

50t/d 喷雾干化－热解示范

污泥内热式热解炭化示范项目

2020年在山东济阳开展了污泥内热式热解炭化示范，规模为100t/d（按含水率80%计），热解炭化处理量为25t/d，采用清华大学内热卧式搅拌型热解炭化炉，技术路线为“污泥干化＋固废破碎混合造粒＋内热式热解炭化＋余热蒸汽锅炉＋烟气净化”，实现污泥与固废的减量化处理。

^ 颗粒原料

^ 颗粒炭

< 内热式污泥与垃圾协同热解炭化示范

工业污泥热解减量化项目

该项目由北京联合创业环保工程股份有限公司于2017年在江苏滨海工业园区建设，以工业园区化工污泥为处理对象，采用外热式多段管式热解炉，热解处理规模20t/d，采用“污泥低温干化＋外热式热解＋烟气净化”的技术路线，实现化工污泥的减量化与无害化。

① 工业污泥外热式多段热解炭化项目　② 热解炉本体　③ 工业污泥热解残渣

油泥热解减量化示范项目

由清华–华诺联合研究中心于2017~2019年在陕西榆林组建的20t/d的一体化撬装式热解试验性示范项目，采用外热式干燥–热解–氧化多段热解炉，以危废油泥为处理对象，热解后固体含油率低于0.3%，热解油气原位燃烧为自身系统提供能量或回收热解油进一步提质利用，实现油泥的减量化、无害化与资源化。

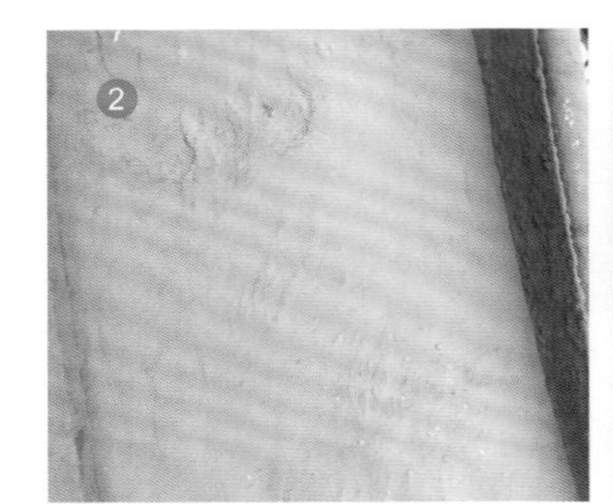

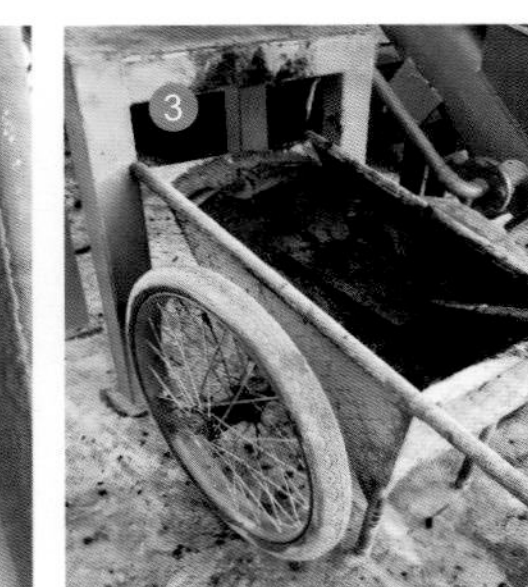

① 油泥外热式多段热解炭化示范　② 油泥热解残渣　③ 油泥

餐厨垃圾热解中试试验

2013~2014年，清华大学913课题组在江苏江阴组建了规模为0.5t/d（按含水率20%计）的餐厨垃圾热解炭化中试装置，研发的两段外热式螺旋管式炉，餐厨垃圾热解温度400~500℃，炭产率35%~50%，热解液在二段催化热解温度700~900℃可实现合成气的生成，合成气（H_2+CO）体积占比95%以上。

① 餐厨垃圾外热式热解中试装置　② 餐厨垃圾　③ 现场参观

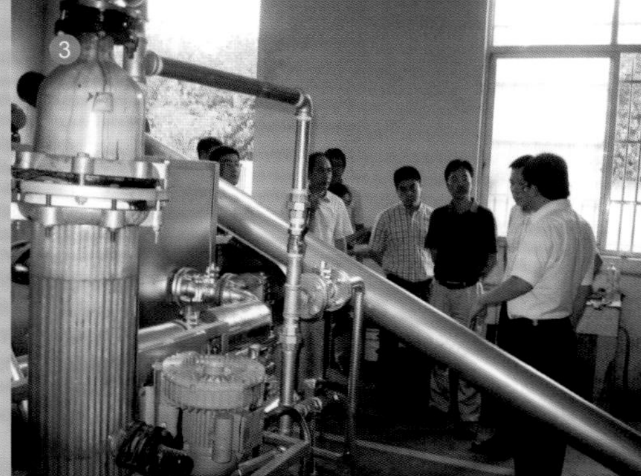

餐厨垃圾生化剩余物热解炭化示范

该示范由山东十方环保能源股份有限公司于2019年在山东济阳投资建设，主要处理餐厨垃圾厌氧发酵剩余物，热解炭化规模20t/d（按含水率20%计），采用清华大学的内热卧式搅拌型热解炭化炉，热解过程产生的热解液与热解气原位燃烧为系统提供能量与外供蒸汽，热解炭用于厌氧发酵系统与土壤改良试验。

① 餐厨垃圾剩余物
② 餐厨垃圾热解生物炭
③ 餐厨垃圾内热式热解示范

秸秆热解炭化热 – 炭联产示范

2017年，清华大学913课题组自主投资建设了7t/d（干基）的生物质秸秆热解炭化热－炭联产示范，采用内热卧式搅拌型热解炭化炉，采用“秸秆破碎＋热解炭化＋余热蒸汽锅炉利用＋烟气净化”的技术路线，固体热解炭化区400~500℃，热解气原位燃烧区800~1000℃，生物炭产量2t/d，蒸汽产量15t/d，生物炭作为碳基肥进行土壤改良。

∧ 秸秆与秸秆炭

< 秸秆内热式热解炭化热－炭联产示范

分布式农林生物质热－炭联产项目

该项目由山东十方环保能源股份有限公司于2019年在山东滨州投资建设，主要以果林废弃物为原料，建设规模为40t/d（2条生产线），采用清华大学内热卧式搅拌型热解炭化炉，采用“果林废弃物的破碎＋滚筒干燥＋成型造粒＋热解炭化＋炭压缩成型＋余热蒸汽锅炉＋烟气净化”的技术路线，炭产量约8t/d，蒸汽产量100t/d以上。其中，炭作为燃料商品，高温蒸汽供园区销售。

①农林内热式热解热－炭联产项目 ②农林残余物 ③炭燃料 ④蒸汽外供

炭应用

2018年在山东济南开展了炭应用实验，实验用田3亩，采用秸秆热解炭化热-炭联产的秸秆炭，与沼液耦合使用，可有效提高培肥地力，提高养分的有效性与肥效的持久性，与化肥相比水稻可增产14.7%，稻米品质提升，稳定土壤EC值，缓冲盐害风险。

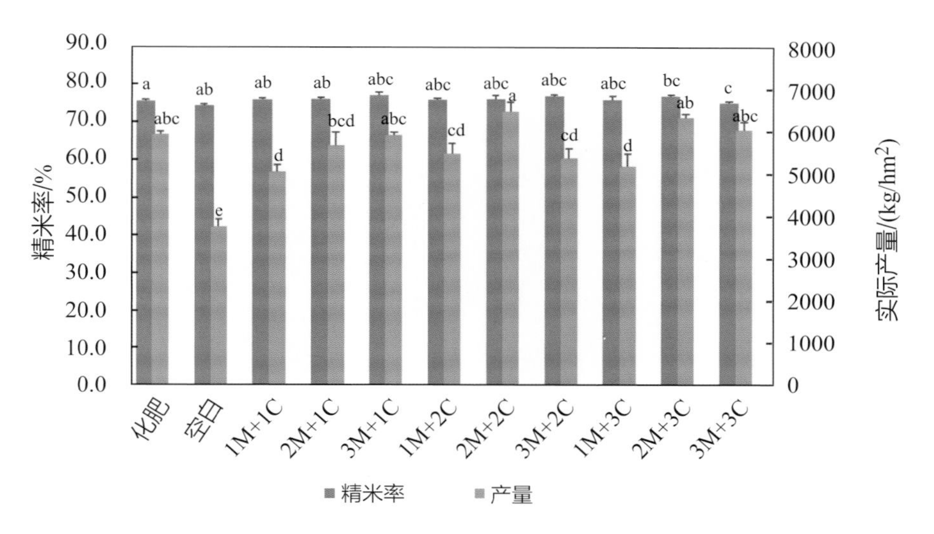

^ 沼液和生物炭不同配比对水稻产量的影响（M-沼液，C-生物炭）

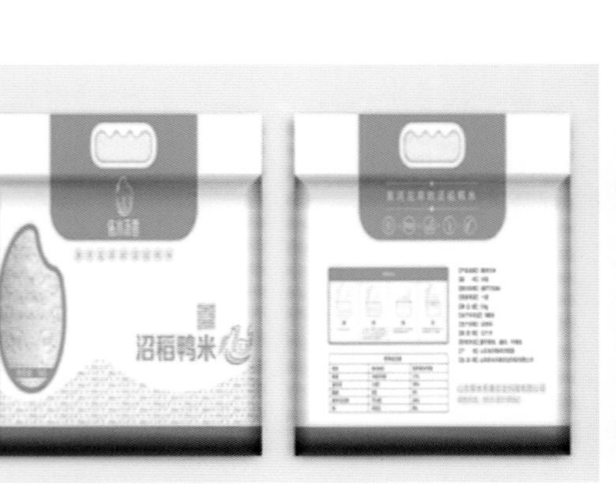

^ 示范区大米产品

^ 水稻

青岛即墨区污泥处置中心项目

项目鸟瞰效果图

2015年，青岛蓝博环境科技有限公司开展了污泥干化炭化技术和装备的研发，并将研发的成果成功地应用到青岛即墨区污泥处置中心项目。项目占地面积5376m^2，总设计处理能力2×150t/d（按含水率80%计），采用“污泥调理+板框脱水+热力干化+热解炭化+尾气处理”工艺路线，是目前国内单线处理能力最大的炭化项目。项目于2019年9月竣工，2020年5月1日正式商运。

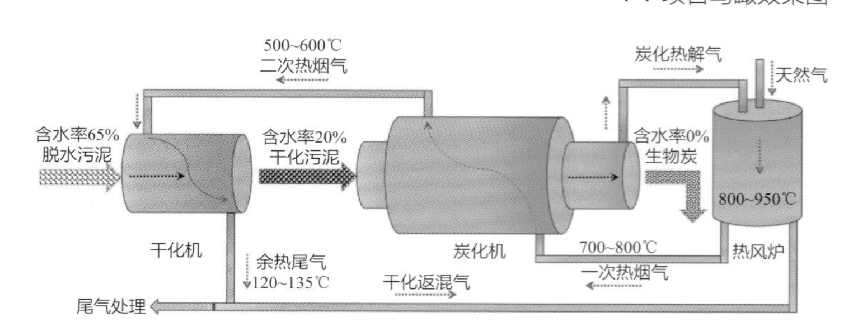

污泥干化炭化工艺图

污泥干化炭化工程设计

六大核心工艺系统

污泥接收及储存系统

污泥调理、深度脱水系统

污泥干化系统

污泥热解炭化系统

烟气处理系统

智能控制系统

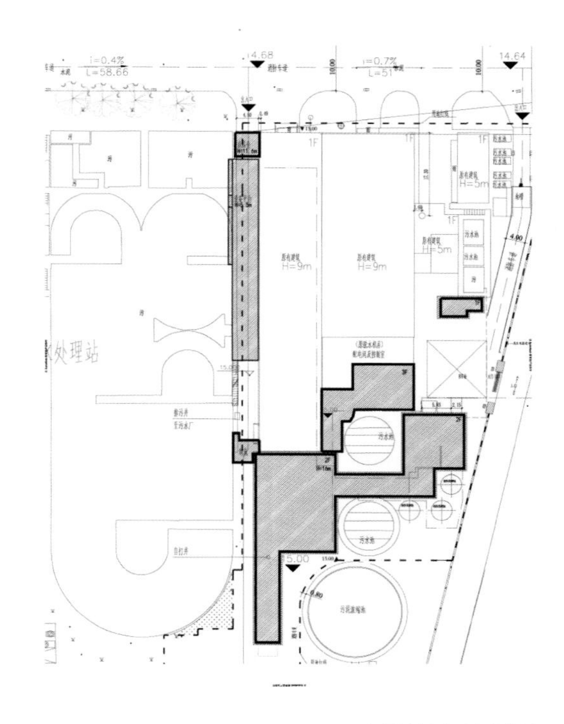

^ 项目总平面布置图

项目特点

占地面积小，实现原位处理；系统化全面解决方案；自主知识产权；污泥基生物炭性质稳定；全过程环境友好，尾气量小；从源头抑制二噁英生成；无飞灰（危废）产生；投资和运营成本低。

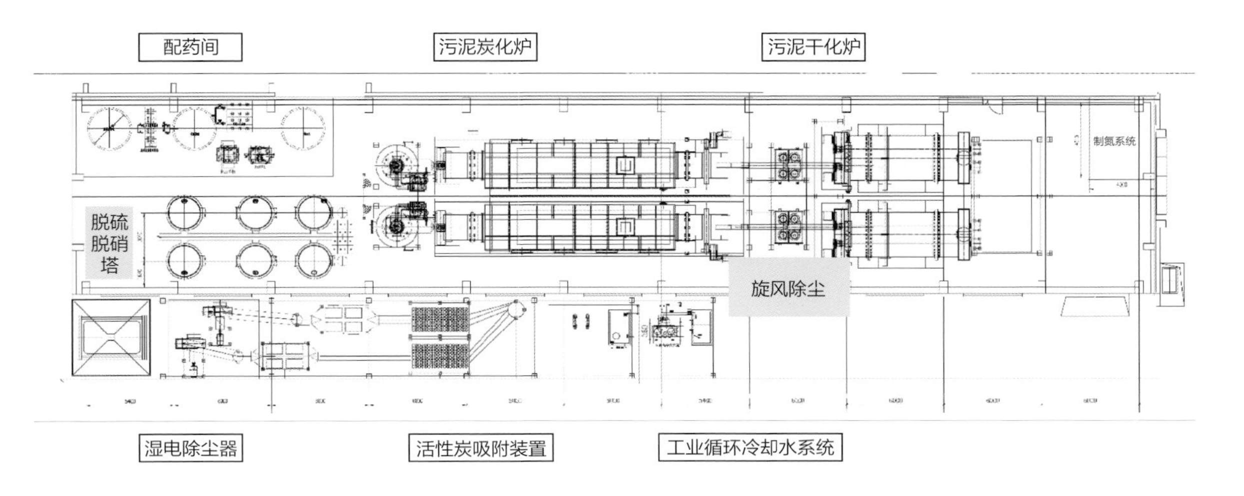

^ 设备平面布局图

污泥脱水干化系统

污泥通过调理脱水系统后，含水率由97%~99%降至65%左右。进一步加热干化后含水率降至20%以下。其中污泥所含水分转化为蒸汽被管道带走至废气处理系统；干化后的污泥送入炭化炉。干化所需热量主要来源于炭化过程释放的热解气，实现资源化利用。

1 板框压滤脱水设备 2 污泥调理罐 3 污泥干化设备

污泥炭化流场分析

对设备结构进行优化分析：

用软件仿真计算分析优化，进行流场分析，确保力学性能、设备结构能够满足使用要求。

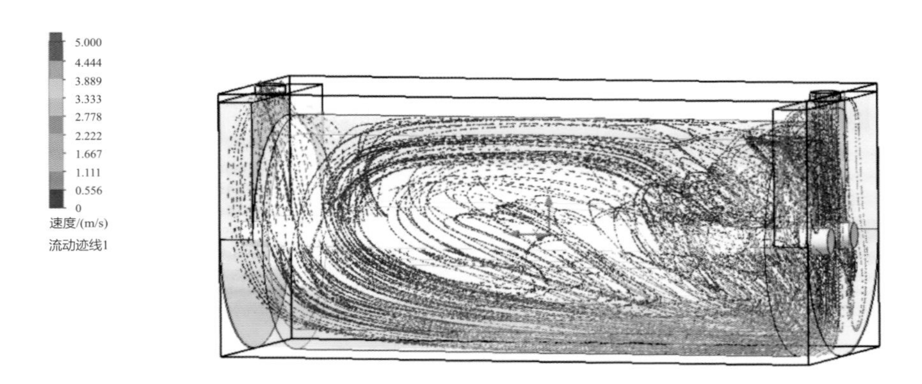

∧ 干化机内腔静压作用流场分析

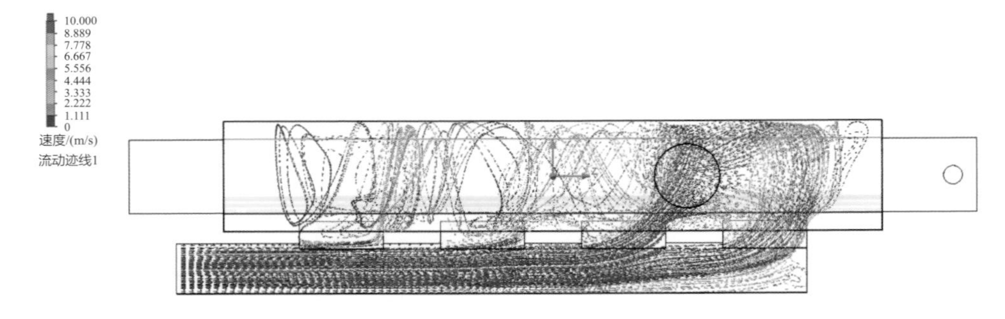

∧ 炭化机热风腔静压作用流场分析

> 污泥干化炭化车间

污泥炭化系统

污泥内的有机物在无氧高温（450~700℃）下热解，实现污泥的炭化，产生污泥基生物炭。热解产生的可燃气体回流到热风炉与天然气混合燃烧，产生的热烟气再次加热炭化炉，实现了能量的循环利用，降低了能耗。

污泥炭化系统实景

污泥炭化车间全景

烟气处理系统

热解气燃烧后产生的高温烟气进入炭化炉，供给炭化所需热量，随后从筒体末端排出，进入污泥干化系统，再进入尾气处理系统，去除污染因子及脱白后最终达标排放。

旋风除尘器

脱硫脱硝塔

∧ 烟气处理系统

污泥基生物炭出料系统及资源化利用

污泥干化炭化技术，实现了污泥的“凤凰涅槃，浴火重生”，变废为宝。

污泥基生物炭资源化利用，可有效减少碳排放，助力国家“双碳”战略的实施。

① 生物炭出料仓 ② 污泥样品 ③ 污泥基生物炭

第六章

他山之石：国外先进的污泥焚烧技术

Outside the Box: Foreign Advanced Sludge Incineration Technology

引言

他山之石，可以攻玉。中国的环保技术迅速发展离不开对国外先进技术的不断引进与消化吸收。污泥干化焚烧技术在发达国家已有70多年的发展历史，技术相对成熟，在建设标准、管理模式等方面都值得我国借鉴，在先进性、建设标准与运营等方面也有很多可供我们学习的内容。为此，本章收录了香港 T · PARK污泥焚烧厂、上海浦东污泥干化焚烧厂、德国 EEW 黑尔姆施塔特污泥单独焚烧工厂等项目，这些都是由国外著名专业环保公司实施的代表性项目和典型案例，供国内同仁借鉴与学习。由威立雅公司设计、建造、运营的香港 T · PARK 2000t/d污泥处理设施在全球享有盛誉，该项目集污泥焚烧、发电、海水淡化、废水处理于一体。最具标志性的是，该项目凭借其完全去工业化的建筑设计，将项目建成地标性建筑，成为集环保教育、市民休闲娱乐于一体的未来式公共基础设施。苏伊士公司凭借其雄厚的技术实力，采用独有的两段式干化工艺，在苏州工业园区、扬州等国内多项工程有成功的应用案例，其先进的设计理念和优美的花园式厂区设计值得借鉴。苏伊士公司在上海浦东首次建成了圆盘干化+鼓泡床焚烧技术项目，也是业内一大创举。黑尔姆施塔特污泥单焚烧工厂基于《德国污水污泥条例》（AbfKläV）最新修订案，由德国最大的固废公司 EEW 建设。该项目将协同焚烧处置污泥改为单独焚烧，通过污泥焚烧灰回收污泥中的磷，对于未来的磷回收具有里程碑意义。

刘秋琳
清华大学环境学院

绿色未来的“转废为能”

香港 T · PARK 污泥焚烧厂

T · PARK位于我国香港特别行政区西面屯门曾咀，启运于2015年4月，占地7hm^2，主体采用流化床焚烧，设计处理2000t/d的来自11家污水处理厂的热值和干度不同的污泥，为世界最大型的集中式污泥焚烧处理厂之一。其为一所污泥焚烧、发电、教育、休闲、海水淡化、废水处理的单一复合体；污泥焚烧减少污泥量的同时，能量实现项目电与热水的自给自足，发电盈余并入公共电网，达到能源循环与转化；废水进行处理和再利用，以实现“零排放”；与周边自然环境融为一体的可持续建筑设计；广阔的园景区园林生态，具有教育、休闲、消费多功能，成为推动城市可持续发展的完美展示。

Vincent Deleu
威立雅环境服务（香港）有限公司
项目经理

陆、海运输相结合的集中式污泥焚烧

香港T · PARK污泥焚烧厂接收全港11个污水处理厂污泥，约70%污泥经海路运送，30%经陆路运送。

污泥进入T · PARK集中式污泥焚烧厂，卸料进入污泥储存装置，抓斗提升进入流化床焚烧炉，高温烟气经过余热锅炉换热，随后进入多管式旋风分离器、干式反应器、袋滤式集尘器进行烟气净化后达标排放。余热锅炉产生的蒸汽用于蒸汽涡轮机发电。

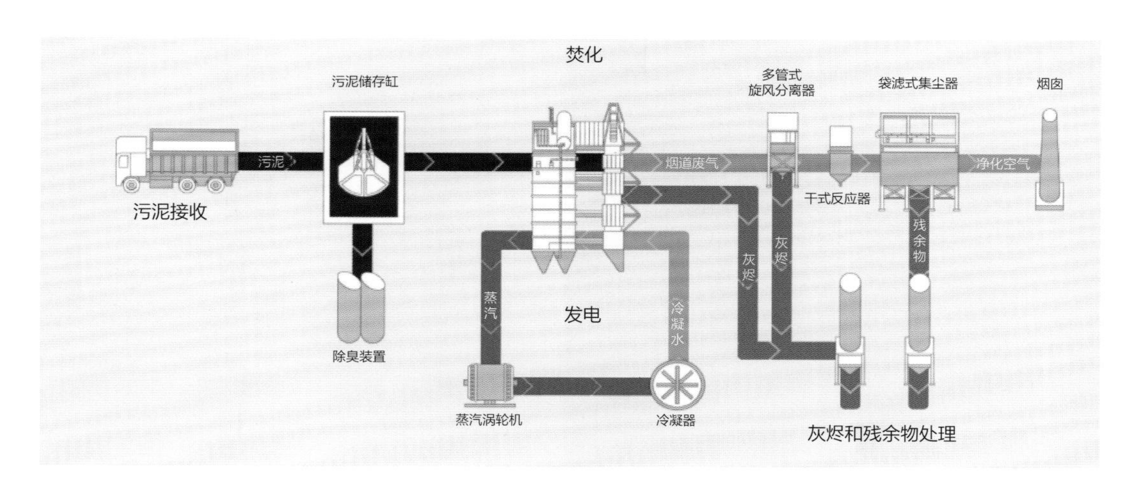

^ 污泥集中式焚烧工艺路线

^ 海路运输

^ 陆路运输

流化床焚烧炉

4个流化床焚烧炉，设计污泥处理量2000t/d；
焚烧后减量率90%以上，减少填埋区负荷；
炉内温度850℃至少2s以上，控制污染物排放。

^ 流化床焚烧炉

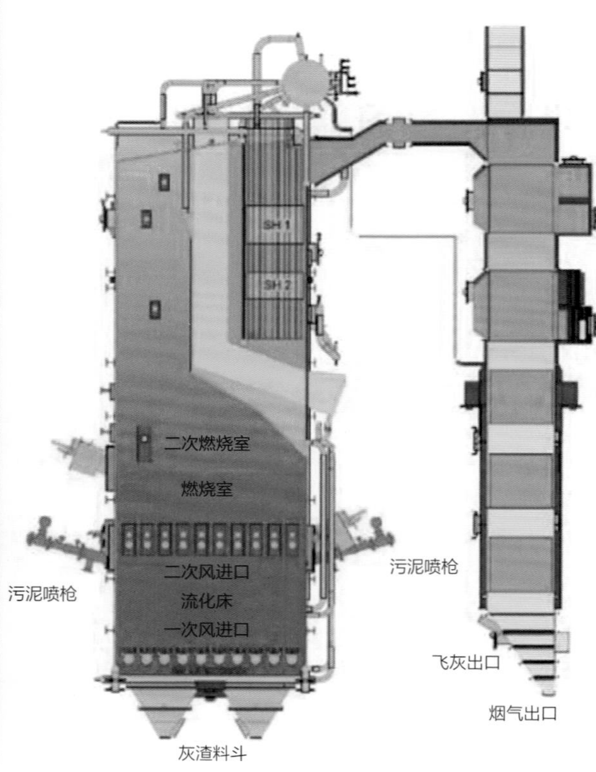

^ 流化床模拟图

蒸汽锅炉

蒸汽锅炉绝对压力41bar，380℃，蒸汽量85t/h。

∧ 锅炉

∧ 冷凝器

能源——电供应系统

污泥焚烧的热能转为电力，源区电自足，供游客的电动汽车充电，外输送公共电网（2MW），可供4000户家庭使用。

∧ 蒸汽涡轮发电机（14MW）

能源 – 热水供应系统

污泥焚烧的部分热能通过热交换器转为热水：用于吸收式冷凝空调与公共教育中心的3个水疗池。

^ 热交换器（2个，3MW热能）

烟气净化系统

烟气净化包括多管式旋风分离器、干式反应器、袋滤式集尘器。多管旋风清除废气内大部分微粒，干式反应器去除重金属及二噁英等有机污染物、袋滤式集尘器深度过滤废气中的灰和剩余物。

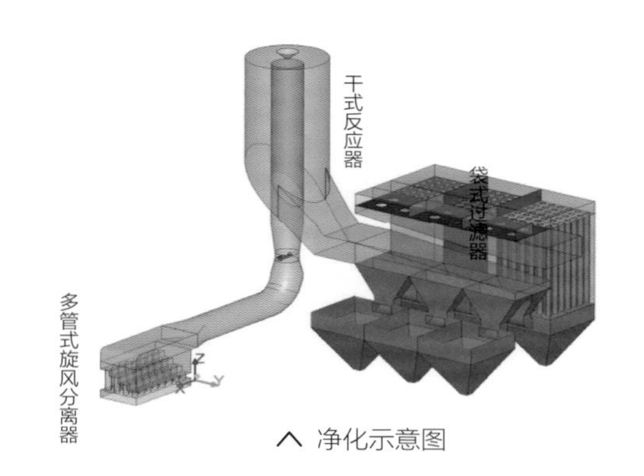

净化示意图

袋滤式集尘器与干式反应器

焚烧残余物处理利用

污泥焚烧后体积减量90%以上，焚烧后剩余物部分送至填埋区，可减轻填埋区负荷；或部分送至水泥厂用于生产水泥。

① 储罐 ② 污泥 ③ 焚烧残余物

水资源管理——海水淡化

海水淡化系统包括预处理、反渗透、去离子膜、树脂吸附等，产水满足饮用水、设施用水、锅炉补给水等。

反渗透（600m^3/d）

水资源管理——污水处理再生利用

园区污水处理后用作灌溉、冲厕、清洁，进行循环再用，实现“零排放”目标。

∧ 污水处理厂（150m³/d）

广阔的园景区园林生态

70%	9800㎡	2200㎡	1200棵	350000株
绿化设施占总面积的七成以上	户外花园	供野生生物栖息的园林湿地	园景区内种植树林	灌木（大部分是香港当地品种，以展示香港美丽的原生植物）

① 厂区水景　② 园景本地植物绿化　③ 园林湿地　④ 平台绿化

多功能区

环境教育中心、休闲中心、参观浏览区、行政办公与主体处理区融入于一体，参观者可通过互动展示与直接参观实体直观了解“转废为能”的好处与相关环境知识，同时可进行休闲娱乐。

∧ 教育场所

∧ 水疗池

∧ 游览活动场所

绿色未来的“转废为能”的 T · PARK 污泥焚烧厂

上海浦东污泥干化焚烧项目

项目选址濒临东海，紧邻海滨污水厂，项目设计规模为800t/d。采用法国苏伊士涡轮薄层干燥＋热风箱 Thermylis 鼓泡流化床污泥焚烧技术。通过薄层干燥机，污泥含水率由80%降至65%；随后进入鼓泡流化床进行焚烧处置，实现无害化、减量化处理处置。该技术路线节能低耗、安全可靠，生产车间全密闭微负压运营，确保接收过程、干化过程中无臭气外溢，收集后的臭气送至焚烧炉焚烧或者进行化学除臭，不对周边环境产生不利影响。该项目从进泥调试到正式投运仅仅一个多月，在苏伊士运营团队的管理和运维下，运行稳定、烟气排放远低于相关排放限制。

岳宝
苏伊士中国污泥业务总监

工艺流程

干化焚烧系统包括污泥接收干化系统、污泥进料系统、辅助燃料系统、焚烧炉系统、能量回收系统和烟气净化系统六个部分。采用法国苏伊士涡轮薄层干燥将污泥从含水率80%干化到65%，再送入热风箱 Thermylis 鼓泡流化床焚烧炉。

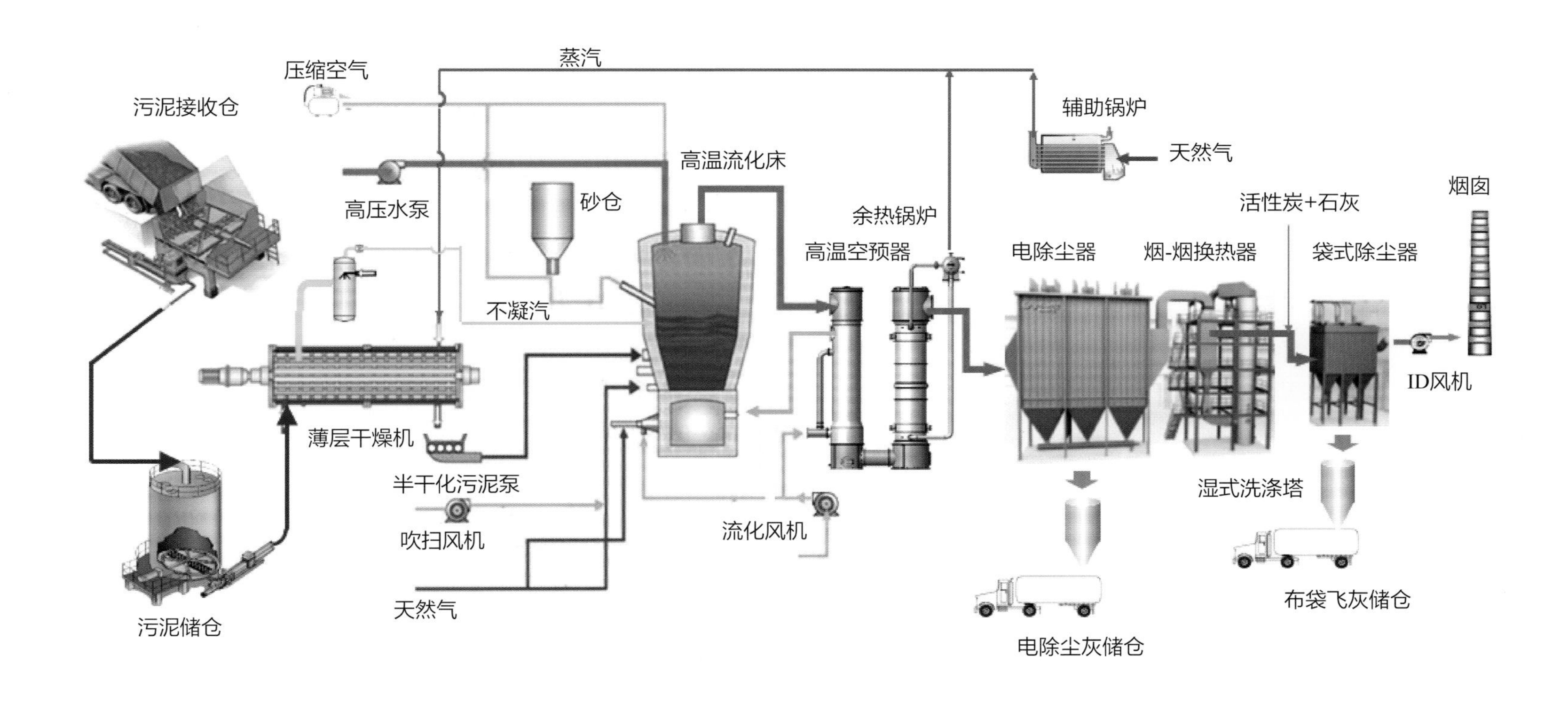

∧ 上海浦东污泥干化焚烧项目工艺流程图

安全可靠 | 流化床焚烧炉

污泥封闭输送，多点床内进料，无短流、无回火；焚烧炉耐火拱形配气结构，耐高温、无热应力、经久耐用；焚烧炉水滴形设计，炉内能形成足够良好的流化又能有效防止磨损。

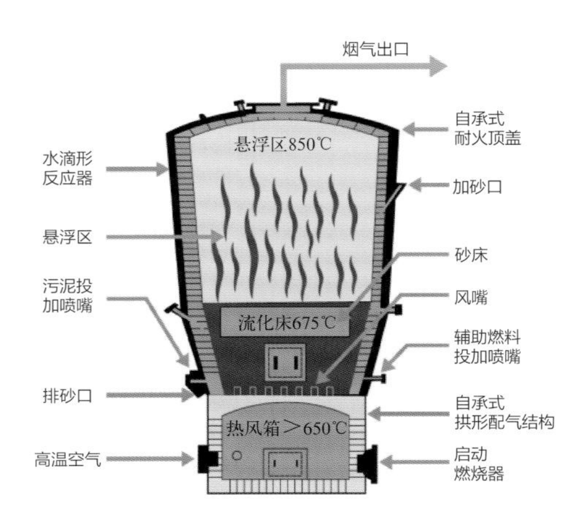

^ 流化床焚烧炉结构

^ 流化床焚烧炉现场照片

节能低耗 | 余热利用系统

焚烧烟气先将助燃空气预热至高温状态，再进入余热锅炉内，产生蒸汽供薄层式干燥机使用；最后经过除尘、脱酸后进入烟－烟换热器后升温至约130℃，实现烟囱中高空无白烟排放。

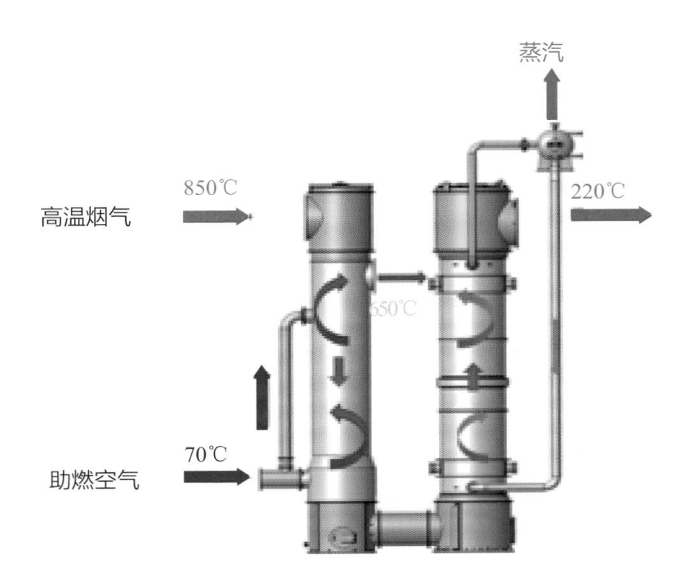

∧ 余热利用系统模型图

> 空气预热器＋余热锅炉＋烟－烟换热器

低碳环保 | 三级烟气深度处理系统

烟气经静电除尘＋湿塔洗涤＋布袋除尘后，各指标远低于欧盟标准和上海市地方标准。炉体独特的水滴形设计增加了烟气停留时间至6s以上，提高燃烧效率，控制二噁英产生。

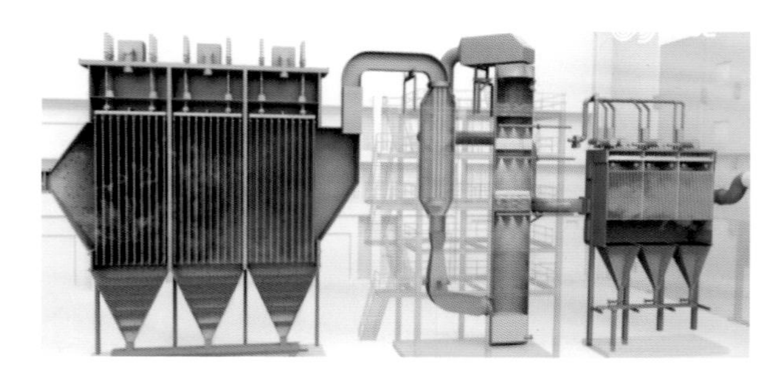

^ 三级烟气深度处理系统模型图

^ 三级烟气深度处理系统左视图

^ 三级烟气深度处理系统右视图

车间布置掠影

① 污泥卸料储存间　② 污泥干化机　③ 半干污泥间　④ 流化风机

上海浦东污泥干化焚烧项目全景

苏伊士的两段式干化工艺（INNODRY®2E）

苏伊士的两段式干化工艺（INNODRY®2E）以其节能低耗、安全环保在污泥处置市场中著称，目前在中国已建成投产10个项目。其中最具代表性是苏州工业园区污泥处置及资源化利用项目，设计规模为日处理600t湿污泥，由苏伊士负责投资、建设、运营。该项目很好地诠释了“产业协同、循环利用”的理念，选址于热电厂内，紧邻污水厂，实现三厂资源共享、协同发展。污泥厂利用热电厂的余热蒸汽干化污水厂产生的污泥，蒸汽冷凝后的热水回到热电厂循环利用；干化后的污泥作为生物质能源送至热电厂与煤掺烧发电，干化尾气送至电厂锅炉焚烧，彻底解决二次污染问题，避免了邻避效应；污水厂的中水用于冷却干化废热，污泥干化尾水送至污水厂经处理后达标排放。两段式干化工艺由薄层蒸发器一级干化、切碎机挤压成型、带式干燥机二级干化、颗粒污泥冷却及热量回收系统组成。

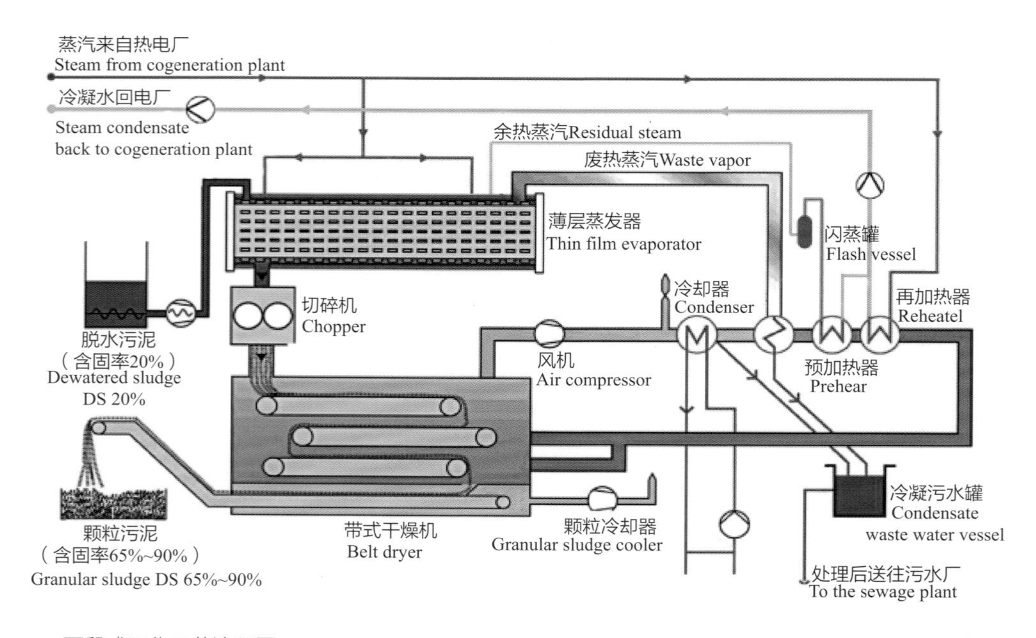

∧ 两段式干化工艺流程图

节能低耗、稳定可靠

两级能量梯级利用，比其他工艺节能40%以上；一期工程自2011年4月投产，获56项专利，高峰期月度日均处理量超设计值15%；近12年来累计处理每吨污泥仅消耗0.62t余热蒸汽。

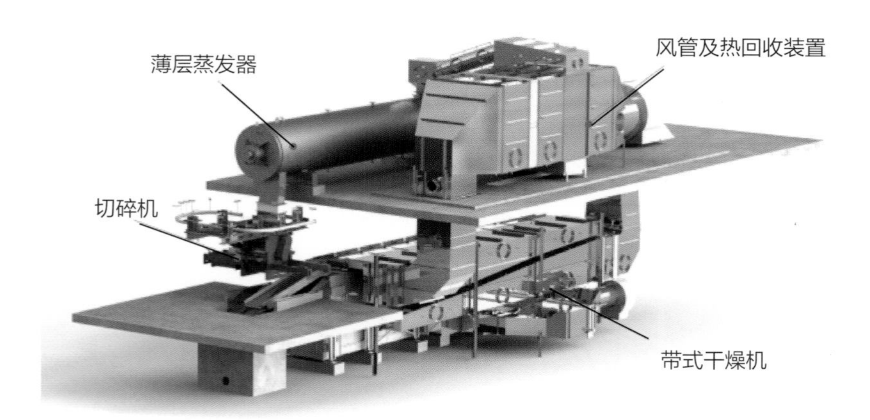

^ 两段式干化模型图

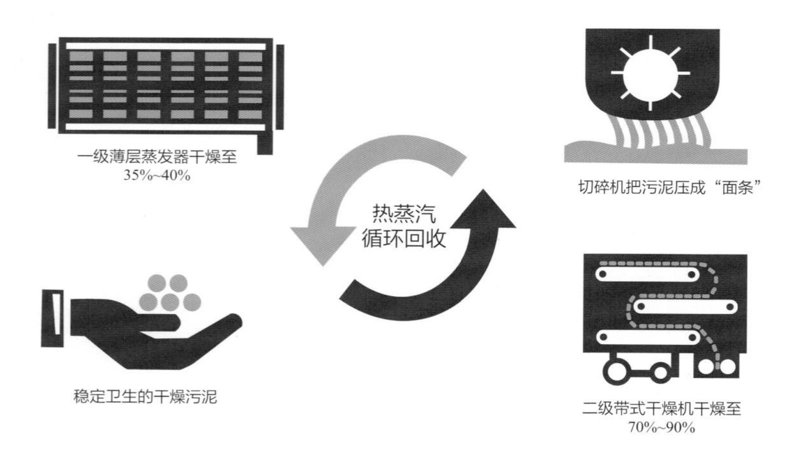

^ 热循环示意图

① 卸料池 ② 切碎机 ③ 带式干燥机

> 薄层蒸发器

安全环保、政企民安心

创新的两级干燥，规避风险，优势互补；

闭式空气循环，臭气排放量小；

内置颗粒冷却区，干污泥颗粒安全储存；

无摩擦，不产生粉尘，杜绝粉尘爆炸和颗粒自燃风险。

蒸汽排空
当心坠落
Warning drop down
当心碰头
饱和蒸汽罐
Saturated Vapour Vessel
编号：4-RF211
当心高温表面

专业化运营－巡检

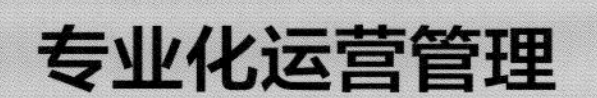

专业化运营管理

项目自投产即引入苏伊士先进的管理理念，实现生产管理标准化、现场管理精细化，推行质量、环境、职业健康安全、能源“四标一体”管理体系认证，引入全员生产性维护（TPM）、品管圈（QCC）、我来讲一课（OPL）、5S、危险预知训练（KYT）、目视化管理等工具。项目已被成功打造成为花园工厂、智能工厂、海绵工厂、科普基地，先后获得法中委员会“气候变化解决方案”二等奖，国家发改委首批“环境污染第三方治理典型案例”“苏伊士全球卓越运营金牌”“国家高新技术企业”“江苏省节水型企业”“江苏省城建示范工程”“江苏省循环经济示范项目”等荣誉。

① 花园式工厂
② 冷却塔
③ 悦江亭（雨水回用）

eew
Energy from Waste

实践绿色发展理念、贯彻“一带一路”倡议

黑尔姆施塔特
污泥单独焚烧工厂示范案例

EEW公司是德国最大的固废公司和最大的垃圾焚烧发电企业，也是德国乃至欧洲唯一一家专注于垃圾焚烧发电的企业，运营着德国及周边国家的18个垃圾焚烧发电厂，2015年垃圾处理量近440万吨。2015年，北控集团以14.3亿欧元收购了EEW公司。基于《德国污水污泥条例》（AbfKläv）的最新修订案，人口当量大于10万的污水处理厂必须最迟于2029年1月1日开始采用磷回收工艺，并引入肥料循环。大部分以前建设的协同焚烧项目要改造成污泥单独焚烧工厂。EEW公司践行德国立法者的意愿，陆续改造和新建污泥单独焚烧装置，黑尔姆施塔特污泥单独焚烧工厂（KVA Buschhaus）便是其中一个很好的示范案例。同时，该厂配套建设了焚烧灰磷回收装置，通过工艺回收重要的原材料磷。

Bernard Kemper
EEW CEO

黑尔姆施塔特污泥单独焚烧工厂全景

处理能力16万吨湿泥/年；

使用圆盘烘干机；

固定式流化床；

烟气清洁系统；

协同利用现有黑尔姆施塔特固废焚烧厂（TRV Buschhaus）的蒸汽。

工艺流程

接收含固量为24%的脱水污泥和含固量为85%的干燥污泥。其中前者通过两台盘式干燥机干燥至含固量43%。两种污泥均被送入流化床燃烧炉。焚烧过程中产生的蒸汽输送到现有的蒸汽汽轮机。烟气净化包括：静电除尘器、喷雾吸收器、偏转反应器、布袋过滤器、酸性洗涤器和碱性洗涤器。静电除尘器分离初级灰，并送至磷回收系统。

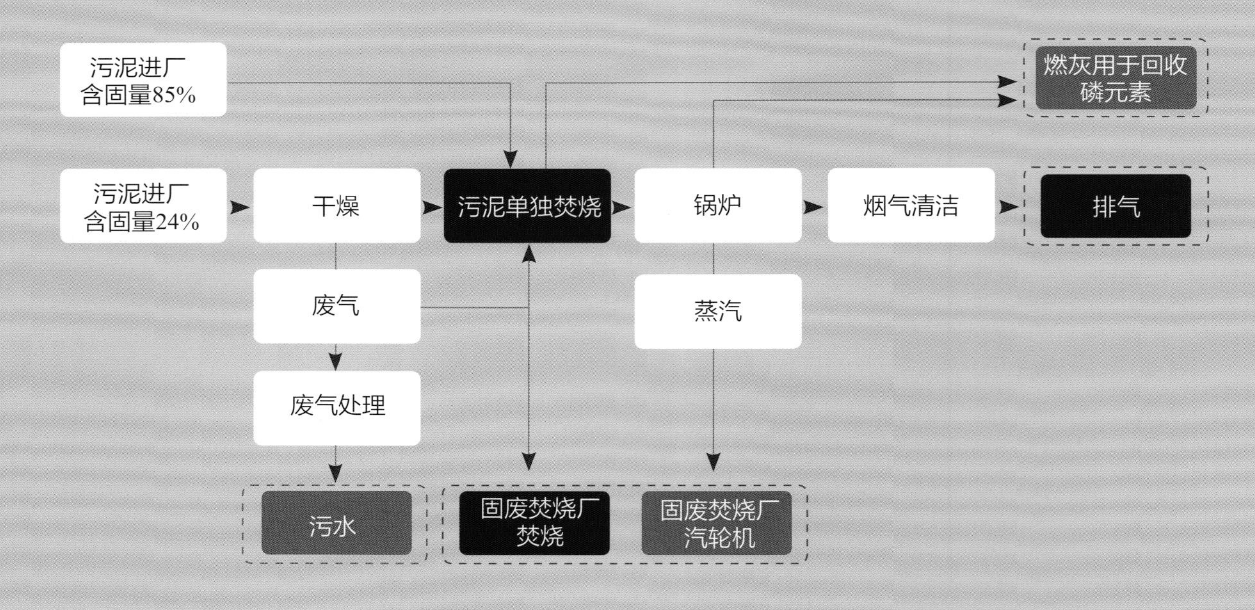

∧ 工艺流程框图

工厂设计标准

污泥单焚烧厂作为黑尔姆施塔特固废焚烧厂（TRV Buschhaus）第4条焚烧线运营。该工厂产生的蒸汽用于现有固废焚烧厂汽轮机发电。

工厂基本设计标准如下：

项目清洁	指标	数值	单位
燃料	机械处理的污泥	160000	t/a
	干物质含量中值	24	%
	24% 干物质下污泥处理能力	18.75	t/h
	100%干物质下污泥处理能力	4.5	t/h
	43%干物质下污泥处理能力	10.5	t/h
燃烧热输出	标准100%（4MJ/kg）	11.73	MW
	最大	13.5	MW
蒸汽锅炉设计标准	蒸汽量	12.9	t/h
	温度	410	℃
	压力	44	bar

注：1bar=1×10^5Pa。

∧ 烟囱实景图

工厂概况

工厂由接收和储存污泥的建筑区，频率转换器柜、开关柜和控制柜占用的空间、变压器、2个楼梯间以及电梯组成。工艺工程系统位于与混凝土建筑相邻的独立锅炉房内，是一个钢结构建筑车间。

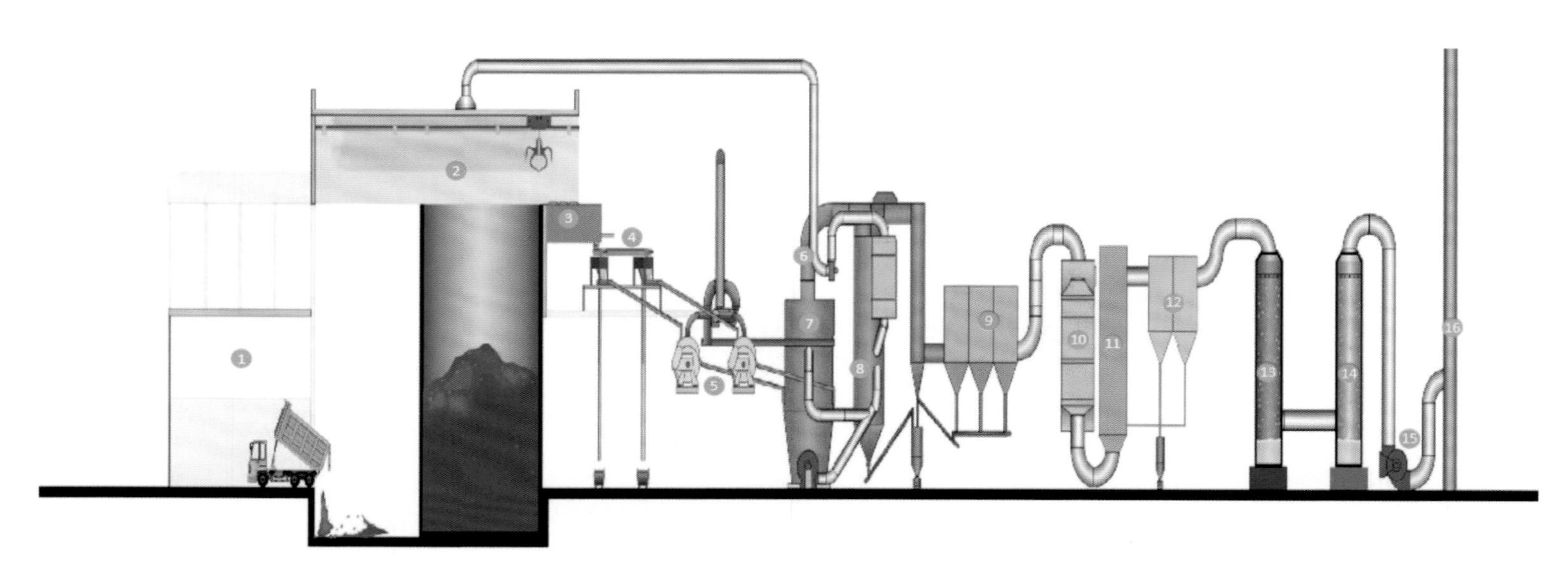

∧ 污泥干化焚烧工艺流程模拟图

① 进料；
② 全自动吊车系统；
③ 全自动吊车系统；
④ 污泥运输；
⑤ 2台盘式干燥机；
⑥ 一级空气鼓风机；
⑦ 流化床炉；
⑧ 废热锅炉；
⑨ 静电除尘器；
⑩ 喷雾冷却器；
⑪ 反应器；
⑫ 布袋过滤器；
⑬ 酸性洗涤器；
⑭ 碱性洗涤器；
⑮ 引风机；
⑯ 烟囱

污泥接收储存系统

① 全自动吊车系统：1×3.2m^3

② 污泥输送系统：步进式地板给料机＋螺旋输送机

③ 进料系统：接收料仓2×120m^3

储料仓1500m^3+3000m^3

污泥干化系统

2台盘式干燥机，其中污泥从平均24%的干物质含量（TS）干燥到大约42%~46%的干物质含量。

项目		数值	单位
蒸汽压力	最小	2	bar
	最大	9	bar
干物质含量	普通	43	%
	最大	45	%
处理能力	最小	6.25	t/h
	最大	10.83	t/h

注：1bar=1×10^5Pa。

① 盘式干燥机蒸汽端部

② 盘式干燥机端部

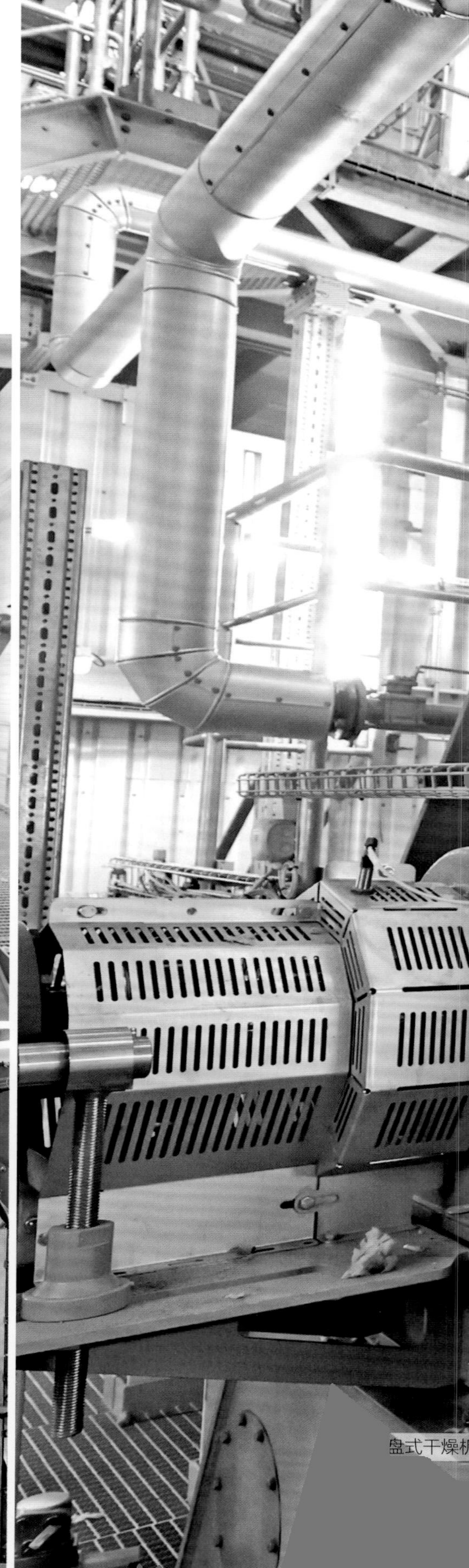

盘式干燥机

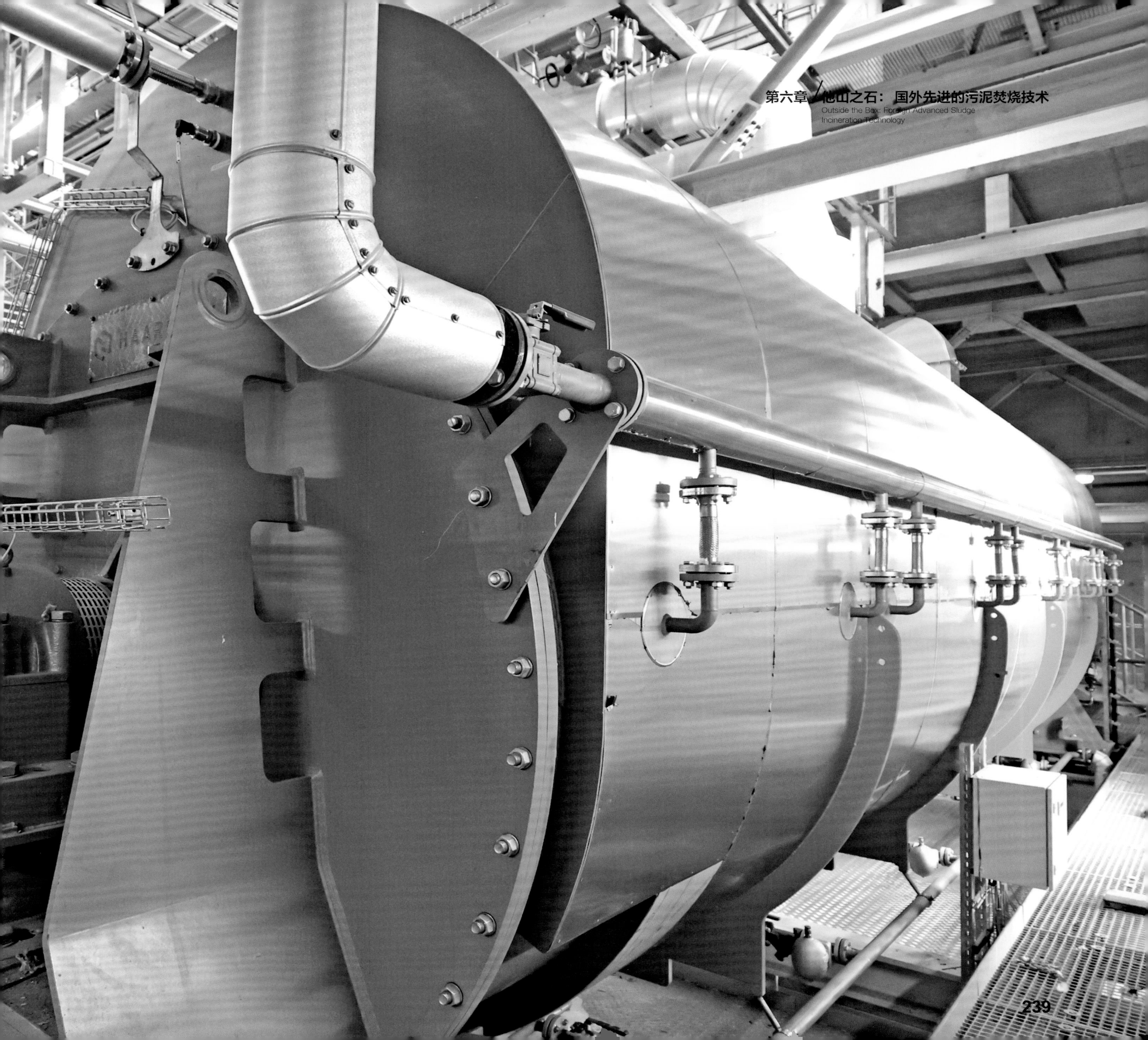

流化床焚烧炉

使用2个投掷进料器将部分干燥的污泥送入流化床，在850℃左右的热砂床和腔体内燃烧。干燥过程中产生的废蒸汽中不可冷凝的部分也被送入砂床上方燃烧，其中的氨有助于控制氮氧化物，也可以直接将氨水注入燃烧室。

项目		数值	单位
燃烧热输出	最低	7.0	MW
	最高	13.3	MW
污泥处理能力	最低	12.1	t/h
	最高	7.0	t/h

∧ 流化床焚烧炉

废热锅炉能量回收系统

高温烟气从最高950℃冷却至大约200℃，热量传递给可燃空气和水蒸气循环中，在44bar的压力下产生约410℃的蒸汽。蒸汽输送到 TRV，并在那里作为能源使用。另一方面，已经预热的可燃空气被加热到大约450℃并送入流化床炉。

项目	数值	单位
新鲜蒸汽量（100%)	13.37	t/h
温度	410	m^3
压力	44	bar（表压）

注：$1bar=1\times10^5Pa$。

∧ 余热锅炉与能量回收系统

喷雾冷却器

反应器作为气流吸收器

布袋除尘器与酸性涤气器

∨ 碱性涤气器

∨ 静电除尘器

∨ 烟囱高度52.5m（带测量平台）

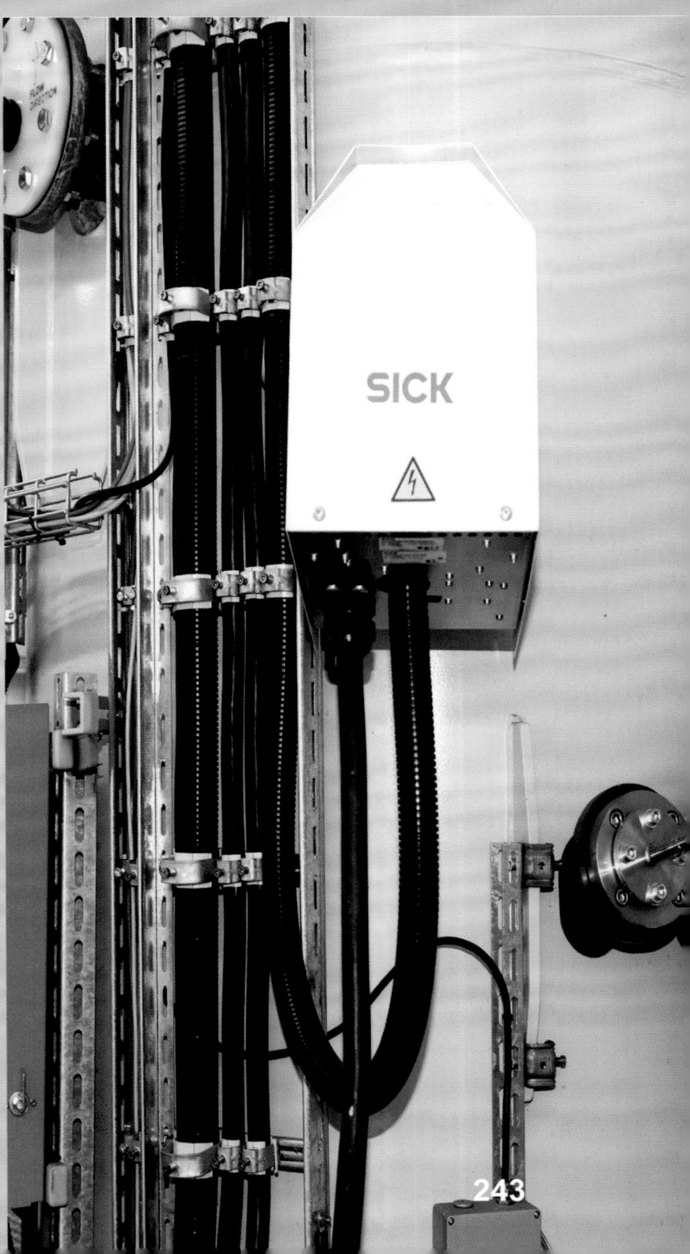

作者简介
Author Introduction

王凯军

清华大学环境学院教授，中国沼气学会理事长，国家环境保护部科学技术委员会委员，国家环境保护技术管理与评估工程技术中心主任，国家水体污染控制与治理科技重大专项总体组专家。在荷兰 Wageningen 农业大学环境技术系获得博士学位，曾任北京市环境保护科学研究院总工程师。主要研究方向：城市污水与工业废水处理与资源化理论与方法、城市与农业废弃物处理与可再生能源技术开发、环境保护政策、标准研究与产业化方向。

李天增

高级工程师、注册公用设备工程师（给水排水）。1985年本科毕业于湖南大学给水排水专业，1988年研究生毕业于清华大学环境工程系。从事水处理及固废处置领域技术工作三十余年，一直在市政给水排水、工业废水、垃圾渗滤液处理领域，及生活垃圾、市政污泥、医废危废、农业有机垃圾等固废处理处置领域主持并参与工程设计和技术研发相关工作。曾任启迪桑德环境资源股份有限公司技术副总裁兼设计研究院/环境研究院院长，现任清控环境（北京）有限公司副总裁/总工程师。

常风民

清华大学环境学院博士后，高级工程师，长期从事工农业污染控制与治理方面的研究，在有机废弃物（污泥）、生物质、工业与城市污水处理、油泥领域进行了一系列开拓性工作。参与国家重大水专项、国家科技支撑计划、国家自然科学基金等课题，负责参与研发与工程设计城市及工业污泥热解与喷雾干化、农林生物质热解及产物高质利用、高浓废水活性炭吸附/再生集成处理、城市污水管式O_3/UV高级氧化深度处理、高效点源农村污水处理、油泥热解无害及资源利用等多项技术与工程项目，拥有热解、高级氧化、点源污水处理等多项技术专利。

刘秋琳

清华大学环境学院环境工程硕士，现就职于清华大学环境学院，中国沼气学会副秘书长，国家环境保护技术管理与评估工程技术中心主任助理，行业知识服务平台"境界"联合创始人，长期致力于环境领域技术推广与产业研究工作。参与水体污染控制与治理科技重大专项等多项科研工作并担任负责人；参编《污染防治可行技术指南编制导则》等国家环境保护标准；任《环保产业》杂志副主编，联合编著《环保回忆录》《北方大型人工湿地工法与营造》《地下再生水厂览胜》等书。

内容简介

本书旨在介绍并推广先进的污泥干化焚烧技术，通过展示国内外成功运行的项目情况，介绍了污泥干化焚烧技术的一些创新发展，包括污泥喷雾干化焚烧、后混式污泥干化焚烧、鼓泡床污泥焚烧、污泥热解炭化等。本书以案例介绍的方式，旨在解开行业对污泥干化焚烧高耗能、高碳排放、产生大量二噁英等误解，促进专业人员正确认识污泥焚烧技术，以推动该技术在我国的创新应用，进一步提高我国污泥处理处置的清洁化和高效发展。

本书可供从事污泥处理处置的工程技术人员、科研人员、企业管理人员、各层级环保部门管理人员参考，也可供高等学校环境类、市政类及相关专业师生参阅。

图书在版编目（CIP）数据

城市污泥干化焚烧工程实践/王凯军等著. —北京：化学工业出版社，2023.5

ISBN 978-7-122-43472-2

Ⅰ.①城…　Ⅱ.①王…　Ⅲ.①城市－污泥处理－垃圾焚化　Ⅳ.①X703

中国国家版本馆CIP数据核字（2023）第084415号

责任编辑：刘　婧　刘兴春　　装帧设计：韩　飞

责任校对：宋　玮

出版发行：化学工业出版社（北京市东城区青年湖南街13号　邮政编码100011）

印　　装：北京宝隆世纪印刷有限公司

889mm×1194mm　1/12　印张21　字数513千字　2023年6月北京第1版第1次印刷

购书咨询：010-64518888　　售后服务：010-64518899

网　　址：http://www.cip.com.cn

凡购买本书，如有缺损质量问题，本社销售中心负责调换。

定　　价：258.00元